ラジオ・テレビディレクターの現場から

推理SFドラマの六〇年

川野京輔

論創社

はじめに――大変だ!!　巨大くらげ出現

昭和三三年（一九五八）の六月、わたしは広島から松江の放送局に転勤を命じられ、広島駅の端っこのホームから古い蒸気機関車に引っぱられた〝快速ちどり〟で、新婚早々の妻と共に出発、はじめて中国山脈を越えた。

芸備《げいび》線、木次《きすき》線と、快速とは名ばかりの列車は息もたえだえに、斐伊川《ひいかわ》にそって走った。そして出雲神話の須佐之男命《すさのおのみこと》ゆかりの鳥上山《とりかみやま》（船通山《せんつうざん》）を横に見て、列車は山を下り切った。

すると、そこにひらけたのは広大な出雲平野と、海と見まごうばかりの宍道《しんじ》湖の水面であった。

その日、灰色の雲が低くたち込め、点在する農家のまわりには緑なす築地松《ついじまつ》が、城壁のようにびっしりと植えこまれていた。八雲立つ出雲の雲と、八重垣がそこにあったのである。

列車は宍道湖畔を東へ走る。

今にも降り出しそうな雨雲のせいで視界は悪い。風も強いのだろう、濁った波が高く舞い上って岸辺の岩に噛みついている。鏡のような湖面を想像していたわたしは意外だった。わたしはじっと、窓ごしに、この不気味ともいえる宍道湖のたたずまいを眺めていた。

神秘というよりは、不可思議・怪奇な幻想を誘うような宍道湖であった。

しかし、この宍道湖は、たまたま御機嫌が悪かったようで、晴れた日には、静かで女性的な美しい顔をのぞかせてくれる。

だが、湖から立ちのぼる水蒸気は、じめじめと肌にまつわりつき、風呂から上って室内に吊るした手拭いに、翌朝、薄っすらとカビが生えていたのは驚いた。

土地の人々は、宍道湖を愛しながらも、いつもその御機嫌をうかがっているようなところがあった。何か、人知で計り知れないものを秘めている巨大な湖である。

昭和三四年（一九五九）四月二六日は日曜日であった。

午後二時過ぎ、わたしは、宍道湖を見下す床几山《しょうぎさん》の頂きにある放送局にいた。

アナウンサーが喋っている。

「皆さん、今晩の科学解説の時間は島根水産大学の助教授の山本四郎さんにお出でいただきまして、色々とお話をおうかがいしたいと存じます。先生、さきごろの新聞をにぎわせました日本海の巨大なくらげでございますが、あんな大きなものは珍らしいんでございましょうね」

助教授が答える。

「そうですね、私たちの知っております範囲では鉢水母《はちくらげ》の大形のものに、ユーレイクラゲというのがありまして、これの大きなものになりますと、傘の直径が二メートル、触手の長さが三〇メートル以上のものがあります。しかし近ごろとれたものは傘が三メートルといいますから、やはり何らかの異常を認めないわけにはいかないでしょう」

そこへ、もう一人の若いアナウンサーが原稿片手に青ざめた顔をして飛び込んで来る。

「皆さん、さきほど午後一〇時五分、松江市の袖師ヶ浦の、宍道湖畔で、松江市雑賀町《さいかまち》二丁目の木本正治さん、二三歳が行方不明になりました。いっしょに夜釣りをしていた同じ町の山口静夫さんの話によりますと、木本さんは巨大なくらげにおそわれて水中にひきこまれたということです。なお現地からの報告によりますと、現場の水中は青白く光って不気味だそうです」

この第一報に続いて、次々に目撃者の談話が入って来て、警官の一人も水中にひきずりこまれるに至り、番組は中止して、アナウンサーは山本助教授と共に宍道湖畔に向い、現地からの巨大くらげ実況放送となった。

巨大くらげは青白い光をはなちながら、波をけたてて湖の沖から松江市に向って進んで来る。奇妙な音と、強い放射能をまきちらしながら次第にその全貌を明らかにして行く。

駈けつけた自衛隊の砲火もききめがない。

この巨大くらげの正体は何か。

湖底深くに放射能を含む鉱脈があり、その放射能を浴びてくらげが巨大化したものか、あるいは目撃者の一人がいった、空から湖に向って閃光をはなちながら落下していった物体に関係ある宇宙からの侵入者なのか。

その時、スタジオの副調室にいたわたしに電話がかかってきた。

「うちのジイサマと息子が宍道湖に漁に出ているが大丈夫だろうか」

「大丈夫ですよ、今、放送しているのはラジオドラマですよ」

わたしは笑いをこらえて答える。

「しかし、みんな心配して見に行っているが」

「よーくお聞き下さい。松江には科学解説番組はないし、事件が起きたのは午後一〇時過ぎといっているでしょう。今は真昼間の二時でしょう。お話なんですよ」

一九三八年（昭和一三年）奇才オーソン・ウェルズが、H・G・ウェルズの「宇宙戦争」をもとにしたラジオドラマ「火星人侵入」をCBSネットで全米中継した時、本当に火星人が襲って来ると思いこんで大パニックが起きたという、そのミニチュア版を松江局で放送した時のエピソードなのである。

初めて見た宍道湖の印象から、いつかこの湖から怪物が出現するラジオドラマを制作して人々を驚かしてやろうとわたしは考えていたのだ。

SFドラマ「巨大くらげ出現」については、第三章「わが心のミステリードラマ」で詳しく書いているので御覧いただきたい。

推理SFドラマの六〇年

■目次

■第一章

ミステリードラマとの遭遇

昭和28年〜昭和33年頃

◉——誤解と偶然

昭和二九年（一九五四）四月一日、午前九時三〇分、わたしは一通の辞令書をうやうやしく戴いた。

上野友夫

職員見習

放送管理職

本給九千壱百七拾円

広島中央放送局放送部編成課勤務とする。

昭和二十九年四月一日

日本放送協会

印

入局早々管理職とはすごいなどと誤解してもらっては困る。

放送管理職というのは一般の庶務・経理とは異なり、放送番組の編成や放送現場の裏方ともいうべき著作権（文芸・音楽）の管理とか番組のPRをやる職種であった。

わたしは昭和二八年の九月にNHKの採用試験を受けた。

その時、募集した職種は四つ、事務職・放送職・アナウンサー・放送記者であった。

事務職・アナウンサー・放送記者というのは文字通りすぐ判る。放送職とは何か、募集要項によればこうなる。

放送職（プランナー、プロデューサー、ライター、ニュース解説、その他現業的な職務、放送管理的な事務）

つまり放送職にはプロデューサー（その頃はディレクターという言葉は使われていなかった）やライターなどの放送現業職と、編成・著作権といった放送管理職の二つの職種があったのだ。わたしが望んだのはライターであった。

そして採用されたのは放送管理職、放送職といっても制作の現場ではなく裏方である。

ラジオドラマ、なかんずく推理ドラマの演出を手がけて三〇年になるわたしと放送との関係は、最初から誤解と偶然が重なり合っていたように思える。

わたしがライターを望んだ理由を考えてみる。わたしは中央大学法学部の法律科だが、司法試験を受けるほどの頑張り屋でもないし、又、その才能もないと諦めていた。そのかわり、せっせと小説を書いては文芸雑誌や娯楽雑誌に投稿し、コントなど含めるとかなりの作品が活字になっていた。だが小説家として身を立てることの困難さは充分判っていた。

わたしは月給をもらいながら小説家にもっとも近い職業として出版社の編集者を考えていた。いくつかの出版社の試験も受けた。学科試験に合格し面接も自信があったが結果は不合格、聞けば採用されたのはわずかに数名、しかも著名な作家など強力なコネのある者で、はじめから決っていたのだという。それなら公募などしなければいいと腹が立った。

その点、ＮＨＫは公平だろう、採用する人数も多い。そしてなによりもありがたいのはその頃一般化した「学内選考」がないことだ。大阪のある民間放送を受験するための学内選考に落ちた経験がある。大学側としてはどうしても学業成績のいい者を選ぶから、わたしの成績では当然といっていいだろう。

それに較べればＮＨＫはいい。提出書類を本人が持っていけばそのまま試験が受けられるのだ。募集の中にライターとはっきり書いてある。放送作家という名称には、どこか新しい響きがある。

小説家や劇作家がラジオドラマを書いているのは知っていたが、ＮＨＫの職員として月給をもらいながらドラマが書けるのならこれにこしたことはない。

そして筆記試験に合格、一〇月中旬に面接試験を受けた。

色々なことを聞かれたが、志望はライターであることを強調し手ごたえは充分あったように思えた。

一〇月下旬、採用通知を受けたわたしは、早速ラジオドラマ脚本集などを買い込んで勝手に放送作家になったような気分になっていた。

後で聞けば、この段階でコネのある連中は無給のアルバイトというか、予行演習というか、放送局に顔を出して演出の助手の手伝いといったようなことをやっていたらしい。そうすれば局内の事情にも通じ、本採用になった時にも何かと有利だったと思えるが、わたしにはそんな智慧もなく、家でぶらぶらしていた。

そんな時、一一月の下旬か一二月のはじめ、『宝石新人二十五人集』という部厚い雑誌が送られてきた。

●――探偵ドラマとの出会い

探偵雑誌『宝石』では毎年、短篇小説の懸賞募集を行い、この年昭和二八年にも多くの応募作品があった。

第一次の選考で残った二三一篇の中から、二五篇を選んで、これを『別冊宝石』として市販し、その中から首席一名参萬円、次席一名貳萬円、佳作五名以内壱萬円を、江戸川乱歩、水谷準、城昌幸の三名で選ぶというものだった。

通常の文芸雑誌の懸賞募集でいえば、第二次か三次の選考に残った作品を活字にして市販するというもので、応募者にとっては、とりあえず活字になるというのでうれしいやり方であった。選者にしてみれば生原稿を読むより楽であるというメリットもあったろうが、探偵小説という特別なジャンル故に、その程度の水準の作品を集めたものでもけっこう商売になったということかも知れない。

その新人二五人集の目次には、「復讐」上野友夫と赤い活字で印刷されていたのだ。

「復讐」はわたしが書いたはじめての探偵小説で、一見何でもない交通事故にしくまれた罠を承知で、死後、真犯人に復讐出来る喜びのために自ら処刑される男の屈折した心理を描いたものだった。

この作品、結果的には佳作にも選ばれず、選者から手厳しい批評を受けたのだが、わたしと推理ドラマをドッキングさせた記念すべき作品となった。

ちなみにこの新人二五人集には白家《しらが》太郎の「みかん山」という作品が載っている。

さらに二年後の昭和三一年の新人二五人集には、わたしの「消えた街」（川野京輔の筆名を使用）と共に、白家太郎の作品が二つ掲載されており、その中の一つ「落ちる」が首席入選、わたしのは佳作に選ばれている。

この白家太郎は後の多岐川恭で、「落ちる」は直木賞受賞作となっている。

このように『宝石』の懸賞は世間的に評価が高く、わたしがＮＨＫに入局前に新人二五人集に載ったことで、一人前の探偵作家になったような気分になったのも、今から思えば甘いが、無理もないことであった。

よし、これからは探偵小説を書きまくろう、そしてＮＨＫのライターとなったら、探偵ドラマというジャンルを開拓しその第一人者となろう、小説とドラマの二股かけての「探偵作家」の第一号になるのだ。こんな夢で胸をふくらませて、わたしはＮＨＫ入局の日を待っていた。

だがわたしは知らなかったのだが、実は、この年、ＮＨＫではテレビの生放送開始にともない職制が変り、脚本課は姿を消し、職員ライターはそれぞれプロデューサーとして制作現場に配属されていたのだ。

それに万一、脚本課が存続し職員のライターとなったとしても、わたしが考えていたようなドラマ作家にはなれなかったろう。NHKには職員ライターの他に、契約ライターが数十人おり、彼等こそが放送の第一線で活躍する放送作家であり、スタッフライターといわれる職員ライターには番組の構成など地味な役割しか与えられてはいなかったのだ。

それに大学卒の新人は、原則として地方局からスタートさせるというNHKの方針があり、わたしは広島中央放送局放送部で、ローカル番組の編成、著作権の処理、放送実施時間の統計などの事務を担当することとなったのである。

かくて探偵ドラマのライターになろうとしたわたしの夢は消えた。

ところが、当時の広島局はラジオ放送だけだったが、なんと探偵ドラマの花ざかりなのだ。その中心人物が鬼怒川浩《きぬがわひろし》だった。

鬼怒川浩は広島局の契約ライターとして、ローカルのラジオドラマ、特に探偵物の原作や脚本を書いていた。

昭和二一年三月、探偵雑誌『宝石』(岩谷《いわや》書店)が創刊され、その第一回の懸賞小説の入選者は六名だった。

飛鳥高「犯罪の場」
鬼怒川浩「鸚鵡裁判」
独多甚九《どくたじんく》「網膜物語」
香山滋「オラン・ペンデクの復讐」
山田風太郎「達磨《だるま》峠の事件」

岩田賛「砥石」
島田一男「殺人演出」
この鬼怒川浩は広島の通産局の役人だったので、地元のＮＨＫが注目し脚本を依頼したことから、やがて職を辞し、ＮＨＫの契約ライターとして本格的に探偵ドラマを執筆することになったのだ。そしてわたしが入局した頃、「バラ屋敷の女」「兵隊乞食」「黄水仙の女」など探偵ドラマを連続又は単発で書きまくり、広島局の名物番組になっていた。
探偵ドラマのライターになる夢が破れたわたしにとって、それは残酷とも思える環境であった。

●――探偵ドラマを書く

放送職として広島局に赴任した新人は二人で、わたしと佐々木欽三であった。しかし彼は現業職としてはじめから放送の現場に廻され社会・農事番組のアシスタントを勤めた。

同期の桜で、しかも文学好きなところも似ていたところから、よくラジオドラマは果して文学たりうるのかなどと議論を交した。

お互に、ドラマの演出をさせてもらえない不満もあったのだが、いずれ自分達の手で新しいラジオドラマを作るのだという理想に燃えていたのも事実だった。

ライターの夢が消えたわたしにとっては、演出者として探偵ドラマの制作にたずさわることが次の目標であった。

上司にもその希望は伝えてあったが、昭和二九年中にはかなえられなかった。

昭和三〇年五月、わたしと佐々木欽三が中心となって同人誌『放送文芸』を創刊した。わたし達より一年先輩で、すでにラジオドラマの演出をしていた岡崎栄にも仲間になってもらい同好の士を募集し、その会費と、わたし達のポケットマネーで『放送文芸』は一二号まで発行を続けた。

当時の放送部長は永原芳雄で、かつて自ら放送の脚本を書いたこともある大ベテランで、わたし達の運動をバックアップしてくれた。

昭和三〇年、わたしは『探偵倶楽部』『探偵実話』『読切雑誌』などに探偵小説や読物を一〇篇ほど発表し、日本探偵作家クラブ（現在の日本推理作家協会）の会員となった。

この年、『放送文芸』の創刊にこぎつけた後、わたしは放送部長の配慮で放送現業職に転じ、学校放送のドラマ「綴方風土記」「郷土の昔」、子供ののど自慢「声くらべ腕くらべ子供音楽会」それに俳句・短歌・川柳などの入選作を発表する「ラジオ文芸」の番組を担当することになった。

これらはいずれもローカル番組で、東京から全国ネットで流れてくる番組を脱《だつ》して、地方局が独自に制作するものである。

朝・昼・夜のニュースの一部、朝七・一五〜七・三〇、夕方六・四五〜七・〇〇の県民の時間の様に、はじめから地方局がその県に住む人々を対象にした番組を編成することが決められている時間帯もある。それに対して音楽、演芸、ドラマなどは、あらかじめローカル枠が定められていないので、その地方局の実情に合わせて、全国中継される番組をはずして地方制作の番組を流ことになる。しかし、それも勝手に脱することが出来ない番組と、脱してもいい番組とがきちんと定められているので、それに合わせて番組改定時に東京に申請することになっていた。

広島は、中国地方を管轄する中央局なので、岡山・松江といった管内局を含む中国地方向けの管中《かんちゅう》番組も制作していた。

ともあれ、ローカル番組ではあっても、わたしは番組プロデューサーとしての第一歩を踏み出すことになった。

そして思いがけず、わたしははじめての探偵ドラマを他の局のために書くことになった。

広島の民間放送は「ラジオ中国」で、地元のスポンサーをつけてラジオドラマを定時番組として制作していた。

その「テアトル・ヒロシマ」に、わたしは三〇分の探偵ドラマを依頼されたのである。

ＮＨＫにとってはライバルともいえる民放に、ＮＨＫの職員がドラマを書くのは如何《いかが》なものか。筆名は使っても許されないだろうと思いつつ放送部長に相談すると、言下にＯＫが出た。

淡美一郎《たんびいちろう》という筆名で書いたドラマは「被害者は誰だ」という作品で、ラジオ中国の放送劇団の出演、演出はふくき・もとのりであった。

昭和三〇年一〇月二〇日午後七時三〇分からオンエアされた。

すでにその時は探偵作家クラブの会員となっていたのだが、当時の探偵作家クラブの会報に「本格探偵ドラマの失敗」としてこのことに触れているのでその一部を紹介しよう。

「一〇月の下旬に当地の放送局から〝被害者は誰だ〟というわたしの探偵ドラマを放送した。普通の、犯人は誰だ——の裏を行ったものですが、一応、本格探偵物の構成をもっています。従ってスリラーとしての凄みや恐ろしさはありません。トリックは刑法の緊急避難と正当防衛を使い、判例などを引用したり難渋を極めたものです。小説書きが書くドラマはモノローグが多くなるという言葉通り、犯人である殺人請負業者のわたしのモノローグが大半を占めていました。ということは説明が多く、一本調子で、ドラマチックなものがないということです。まずまず探偵小説の鬼ならともかく、一般の人達にとっては面白くないものだったのです。しかしこれは今になって考えることで書く時は勿論、本格的な謎解きのみを狙ったすごい探偵ドラマという意気込みで演出者には随分と無理をいって原案通りさせ、たとえ本格物でも良いものであれば一般人にも必ず受けるに違いないと確信していたのです。放送時間は午後の七時半というゴールデンアワー。緊急避難のトリックは未だ誰も使っていませんし、面白いものですが、どうも刑法の条文を長長と説明しなければなりませんし、少なくともラジオ向きではなかったのです。（中略）——謎解きの本格物は筋をくりかえしくりかえし説明しなければわからないのです。小説のように前の頁をめくって調べることは不可能です。どうも評判がよくないのでくさっています。しかし中には〝説明的な言葉のやりとりで仕組まれた様なストーリーが全篇の込み入ったテーマをよく理解させてくれた。心臓の悪いわたしが病床で動悸を打たせながら主役の言葉に強くつり込まれて行った様子を御想像下さい〟とおほめの手紙をくれた若い女性もありました。この人は紙と鉛筆を用意して気がついた点をメモしてくれてトリックを理解してくれたのです。わたしはこの女性の手紙で元気を恢復しました。ラジオドラマは殻をやぶれ——分かりやすい筋、一つの事件、起承転結の作法、余りにも小さな完全ドラマなんか、くそくらえだ。ドラマの形式をかりた外の物があっていいはずだ。本格探偵ドラマはそういった少数のファンを相手にして思う存分活躍出来る筈だ。更にもう一本、わたしは本格探偵ドラマにくいついて行くつもりです」

◉──放送と探偵小説

わたしは昭和三一年四月一六日、同じ「テアトル・ヒロシマ」に探偵ドラマ「消えた街」を書いている。

この年の一月に発行された『宝石新人二十五人集』に掲載されたわたしの同名の小説を、ラジオドラマに書き直したものである。

街全体を消してしまうトリックとは、実際の街とそっくりに作られた映画のセットを使ったものだが、第一作の「被害者は誰だ」にこりたので、ここでは探偵役の若いラジオプロデューサーの恋物語などをからめて、大いにサーヴィスこれ勤め、それなりに好評だった。筆名は千田純人、ラジオ中国放送劇団の出演、演出は下川訓弘であった。

このように広島ではNHK、ラジオ中国ともに探偵ドラマに理解を示していたが、その下地を作った一人に角田寛英がいる。

その頃、NHKの尾道放送局のプロデューサーをしていたが、以前には広島局でラジオドラマの演出をしていた。大の探偵小説ファンで自ら探偵小説を書いて発表したりした。

中島河太郎編の『戦後推理小説総目録』によれば、角田寛英は昭和二八年三月号の『探偵実話』に「紅い手帳」という作品を発表している。

その他、昭和二四年から昭和二九年頃まで、『宝石』『探偵実話』に多くの探偵小説を発表した坪田宏も確か広島に在住していた筈だ。しかし坪田宏とは会った記憶がない。

後年、鮎川哲也の編で戦後の余り人目に触れなかった小品を集めた単行本に坪田宏のものを載せたいのだが住所が不明、広島の筈なので広島のNHKにいたわたしなら知っているのではないかとの問い合わせがあり、改めて記憶をたどってみたが、思い出せなかった。

昭和三一年四月、広島のテレビが放送開始、JOFK—TVである。

わたし達の同人誌『放送文芸』もテレビ放送開始記念号を出し、そこでスリラードラマの特集として探偵作家にアンケートを求めた。回答を寄せてくれたのは、長沼弘毅《こうき》、中島河太郎、西田政治《まさじ》、永瀬三吾、島久平、朝山蜻一、山村正夫、水谷準、双葉十三郎、奈良八郎、楠田匡介、森下雨村、渡辺啓助、香住春吾、茂木草介といったそうそうたる人達だった。

その中で楠田匡介は「外国では相当探偵小説というものがラジオやテレビで取扱われているようですが日本で活発なのは広島だけではないかと思います。NHK東京も〝灰色の部屋〟がなくなり、僅かに〝素人ラジオ探偵局〟を小生達四人で書いている。(後略)」と広島の探偵ドラマ熱を認めていた。

永瀬三吾は「最近、探偵小説の作法上の問題として、かりに殺人を取扱っても単なる方法(トリック)主義でなく、その動機が書けているかどうかを注目するようになった。当然人間が描けていないと動機ははっきりしない。表現に制限の多いラジオでは特に、ここに内容を求めないとスリルがスリルでなくなる。汽車の響音がうわすべってもピストルが何発鳴ってもピンとこない。それからもう一つ、日本の探偵小説がその推理性よりも異常性（アブノーマル）に力点を置きたがるあいだはラジオ界に迎えられることは期待出来ない。逆に言えば迎えられないようなものが異常性だからである。探偵小説が放送と結びつくことは正しい健全な方向へ伸びよと教えられる良い機会である。日本の探偵小説がもっと社会性を持つようになることが私の何よりの喜び！」と書いている。

当時の『宝石』の編集長でもあった永瀬三吾のこれは探偵小説と放送との関係をずばりいい当てた卓見である。

また山村正夫は「小説はどこまでも小説で、ラジオドラマはどこまでもラジオドラマだと思います。（中略）音の世界はまだまだ無限であり未開拓です。スリラードラマも筋の面白さよりももっともっと音の実験をすべきです。例えば足音など、眼で見る文字より実際に耳で聴いた方が怖いのではないでしょうか」と、自らラジオドラマを数多く書いた経験からこう書いている。

●——地球よ永遠なれ

昭和三一年の四月二日、月曜日の午後六時五分から、わたしにとってははじめてともいえるラジオドラマがスタートした。

連続空想科学ドラマ「地球よ永遠なれ」である。

その頃、民放ではニッポン放送をキーステーションとした江戸川乱歩の「少年探偵団」が全国的に子供達の人気を集めていた。

「少年探偵団」は昭和二九年六月、ラジオ東京が連続ドラマとして半年ほど制作したが、同じ頃、大阪の朝日放送が別の脚色者で「少年探偵団」をドラマ化し、これが好評だったので、その録音テープをニッポン放送がゆずり受けて再放送した。

さらにニッポン放送は三一年の四月から、まったく新しい「少年探偵団」を制作し、二年間にわたって放送することになった。

そしてラジオ東京の「赤銅鈴之助」と人気を二分したが、江戸川乱歩の『探偵小説四十年』によれば、聴取率は「少年探偵団」の方が高く、その人気のおかげで、光文社発行の『少年江戸川乱歩全集』はベストセラーになったとある。

こうした背景から、わたしも最初は少年向きの探偵ドラマを考え、鬼怒川浩とも相談したが、たとえローカルでも、やるからには新味を出したいと、当時としては破天荒なSFドラマを提案したのだった。

その頃、SFという言葉は一般化されておらず、空想科学小説といわれていた。従ってドラマは、空想科学ドラマと銘うった。「地球よ永遠なれ」のスタッフは、
脚本　鬼怒川浩
音楽　末永国一

効果　尾中昭典
技術　迫田弥平
演出　上野友夫

であった。

太陽系以外の宇宙にある黄金星は人間の想像をはるかに超えた発達をとげ、すべては機械化され自然の山河や草花もない。この黄金星のキングは自然の美しさを求めて円盤ロケットを地球に派遣した。黄金星人対地球人の闘いがはじまる。広島放送劇団の総出演で一〇月まで続いた。

まだ今日ほどSFが一般化されていない頃だったので、局の首脳部はドラマに不安な気持を持っていた。

わたしは地元の『中国新聞』に「SFの流行」というエッセイを書いて、SFは世界的に流行しているのだと、大いにPRにつとめたり、市内の小学校に行って子供達の「地球よ永遠なれ」に対する関心度をテープに録音、これを首脳部に聞かせて、なんとか一〇月まで持ちこたえた。

その間、NHKの本部で、全国の放送局で制作している子供向け番組のコンクールがあり、「地球よ永遠なれ」の一回分を参加させたところ、「コンクール最大の異色作、テーマ音楽、効果音など地方局とは思えない一級品」との讃辞を得たことも、わたしのはげみになった。

効果音といえば、円盤ロケットに、原子人間製造工場、原子銃などの空想音がふんだんに出てくるので、効果担当者とわたしは、ダイナマイトの爆発音や電気掃除器がゴミを吸い込む音などをミックスして円盤ロケットの飛行音を作ったり、周波数のピイピイという音を回転を落して録音し、それをいくつか組合わせて、ありもしない原子銃の音を作ったり、苦労の連続だったが、それだけに楽しい仕事であった。

愉快だったのは、その頃、封切られたM・G・M映画「禁断の惑星」の中に出てくる原子銃（といったかどうかは分からないが、一種の光線銃のようなものであった）の音が、わたし達の作った音とそっくりだったことだ。映画では音と同時にその銃も見えるが、ラジオでは音だけが勝負、それだけに音ならこっちの方が上等とひそかにうぬぼれたものだった。

昭和三一年といえば、まだSF雑誌もなく、やがて日本のSF小説のリーダーとなる星新一も現われていない。

星新一はその頃、空飛ぶ円盤を研究する団体に入り、昭和三二年に柴野拓美、矢野徹らと同人誌『宇宙塵』を創刊し、それに載せた「セキストラ」が認められて『宝石』の一一月号に転載され、これが星新一のデビューとなる。

『宇宙塵』には誘われて、わたしも参加し、一篇だけ少年物を発表したことがあるが、それは本誌ではなく別冊附録という形をとったために、今は古本屋でも探すことは不可能らしい。「ロケットの怪紳士」という題名だけは分かっているが、今は手許にない。

◉——三足のわらじ

推理・SFドラマ演出の第一歩ともいうべき「地球よ永遠なれ」は、広島という地方局としては異色で、新し過ぎたきらいがあり、局内の評判は良くなかった。

今から考えれば、宇宙もののコスチュームはつけているが中味は江戸川乱歩の「少年探偵団」ばりの探偵ドラマだったのに、世間一般にはSFというだけでなじんでもらえなかったのである。

パイオニアの悲哀などと粋《いき》がってみても仕方がないが、諦めの悪いわたしは翌三二年、「地球よ永遠なれ」の作者鬼怒川浩の作で、SFドラマ「海底超特急」を四回の連続で制作している。

これは、第二次大戦中に光波ロケットで推進する潜水艇を発明した日本人科学者の遺子が、父の残した設計図を狙うスパイと闘うというSF冒険ドラマだった。

そして一一月九日には矢野徹のSFドラマ「小さな壺」を演出している。

小さな壺に閉じこめられた宇宙人の少女と、賢ちゃんという元気のいい地球の少年の物語で、美しいファンタジーであった。

矢野徹は今ではSF作家・翻訳家として長老格だが、戦後、米軍の通訳をしていた時に、兵隊の捨てたペーパーバックでSFの虜になり、アメリカの雑誌に便りを出したのがきっかけで、アメリカのSF同好クラブから招待されて渡米、帰国してから日本にSFを広めた人である。

矢野徹は、わたしが探偵作家クラブの会報に近況として「地球よ永遠なれ」の演出記を書いたのを読んで、わたしのところに便りを寄こしたのである。

これが縁で矢野徹とは長いつき合いがはじまるのだが、ドラマ作品は、この後、昭和三三年の三月一五日に、子供向けの「耳鳴山由来」を放送、続いて五月二一日には、「ラジオ劇場」で「血球なき人々」を放送している。「ラジオ劇場」は本格的なドラマ番組で、わたしにとっても年に何本もさせてもらえない番組だった。

「血球なき人々」は、水爆戦争が起り、偶然、地下壕で生き残った人達と、水爆のために血球のない人間となってしまった人々との恐ろしい闘いを描いたもので、人類の終末をテーマにしている。

この頃になると、わたしもラジオドラマの演出にも馴れ、演出のこつみたいなものも分かりかけていたので、「血球なき人々」は今でもいい出来だったと思っている。

同時に探偵小説の執筆の方も順調であった。昭和三一年は『宝石』に「消えた街」と「コールサイン殺人事件」、三二年には「団兵船の聖女達」、三三年には「狙われた女」を発表、『探偵実話』『オール読切』『裏窓』『耽奇小説』などにも探偵小説を発表したので、広島では探偵作家として一寸《ちよつと》したものであった。

ラジオドラマの演出、脚本、そして小説といわば三足のわらじをはいて得意であった。

NHKの全国放送では「素人ラジオ探偵局」がドラマとクイズを合わせたバラエティとして人気があり、民放では「少年探偵団」がそのテーマソングと共に人気があったが、やがて推理ドラマもテレビの時代に移っていく。

昭和二八年二月一日にNHKはテレビ放送を開始したが、四月からラジオでは「エンタツの名探偵」（水曜日午後一〇時一五分から三〇分間）というコミック探偵物を新設した。

昭和三〇年にはラジオ東京（TBS）がテレビ開局、「日真名《ひまな》氏飛び出す」がスタートした。

本職はカメラマンの日真名氏が探偵役で、俳優は久松保夫、その助手が高原駿雄《としお》、この助手が毎度とんちんかんで笑いを誘う。

放送開始以来ずっと高視聴率を誇り、このシリーズは昭和三七年まで続いたのである。

昭和三二年一一月からNHKテレビは犯人当てドラマ「私だけが知っている」をスタートさせた。探偵作家や放送作家の数人が智慧を出し合ってトリックを考え脚本を書いたので、作はX《エックス》クラブとなっている。

話はドラマ仕立てで進行して行き、犯人は誰かというところでストップ、探偵長徳川夢声と数人の探偵（レギュラーとゲスト）が犯人を推理する。それが当っているかどうか、謎解きはドラマに戻って解決するという、ラジオの「素人ラジオ探偵局」のテレビ版といってもいいだろう。

この年、昭和三二年九月には日本テレビが、「ダイヤル一一〇番」をスタートさせ、翌三三年四月から、NHKテレビは警察・記者物のもとになる連続テレビドラマ「事件記者」をスタートさせている。

作者は第一回の『宝石』の懸賞入選者、島田一男で、歯ぎれのいいセリフ、刑事と記者の虚々実々のかけひき、テンポのいい演出でたちまち人気番組となり、昭和四一年三月まで、実に三九九回のロングランを打つことになるのだ。

島田一男の才能については、昭和二一年の『宝石』懸賞入選の時、江戸川乱歩はこう述べている。

「この達文には少々あきれたほどである。警官などの言葉が甚しくべランメエ調で下品であるがこれは作者が充分意識して書いているのだろう。（中略）今度の投稿者中ただちにジャーナリズムの世界に乗り出しうる適格者という意味ではこの人が第一である」

さすがに江戸川乱歩である。この時点で島田一男がテレビドラマ「事件記者」で成功する才能を見抜いていたのである。

■第二章

本邦推理ドラマ事情

大正14年〜昭和30年頃

◉——探偵小説時代

大正一四年（一九二五）三月二二日、午前九時三〇分、東京・芝浦の東京放送局（ＪＯＡＫ）仮放送所から放送電波が発射された。

その時、総裁の後藤新平は次のように挨拶した。

「放送の機能は、第一、文化の機会均等、第二、家庭生活に健全な娯楽を与える、第三、教育の社会化、第四、経済機能の敏活化である」

ＪＯＡＫは公益法人で逓信省の監督下にあった。

はじめ放送事業は民営でという意見もあったが、逓信省は、無線・電信は国家が管掌するものだから放送も官営にすべきだ、だが海のものとも山のものとも分からない放送事業に金を出すほど国の財政は豊かではないという理由で、公益法人としてスタートしたのである。

そして大正一四年の三月一日から試験放送をはじめたが、早くも柳亭左楽の落語「女のりんき」が公序良俗に反するとして逓信省から注意された。

この厳しい逓信省の監督下、健全な家庭娯楽、子供からお年寄まで男も女も一緒になって聞ける放送という国の方針と当時の探偵小説は、全く対角線上にあったといっていいだろう。

放送が開始された大正一四年といえば、江戸川乱歩が大阪毎日新聞の広告部を辞めて職業探偵作家の第一歩を踏み出した記念すべき年である。

乱歩は大正一二年四月号の『新青年』に「二銭銅貨」を発表して以来、次々と「一枚の切符」「恐ろしき錯誤」「二癈人」などを発表し、いずれも好評だったところから、大正一三年の暮れに毎日新聞を辞める決意をしたのだった。

そして大正一四年には「D坂の殺人事件」「心理試験」「屋根裏の散歩者」などを『新青年』に発表した他、『苦楽』に「夢遊病者彦太郎の死」「人間椅子」を発表している。『新青年』はもともと海外雄飛の青年を育てようという雑誌だったが、編集長の森下雨村が探偵小説の愛好家で、海外の翻訳探偵小説を多く載せたので、探偵小説ファンが愛読する雑誌となっていた。

大正一四年の四月、乱歩は西田政治《まさじ》、横溝正史らと大阪で「探偵趣味の会」を結成し、その機関誌として『探偵趣味』を同年九月に発行した。

この『探偵趣味』の発刊にともない、JOAKでは乱歩に探偵小説についてのラジオ講演を依頼した。当時、放送局のブレーンだった作家の長田幹彦の働きかけによるものだった。長田幹彦は探偵小説に関心を持つ文壇人で、『新青年』の大正一三年夏の増刊号に「探偵小説時代」という評論を書いているほどだった。

乱歩は大正一四年一一月九日、JOAKのマイクロホンから三〇分間、探偵小説のPRをした。一部の愛好者を除いて探偵小説といえば、一般の小説より低いもので、猟奇異端の読物というのが通り相場だった頃である。

乱歩は「探偵する」(推理する)ということは学問・政治・経済、あらゆる部面で必要なことだと説き、その推理を楽しむ探偵小説はもっと盛んに読まるべきだと主張したのだった。

この放送が講演というお堅い番組で扱われたところに注目する必要がある。

乱歩の話は評論解説であって娯楽ではなかった。探偵小説がドラマなどの娯楽として放送に登場するためには、逓信省の「公序良俗」が大きな壁となって立ちはだかっていたのである。

◉——炭坑の中にはじまる

大正一四年七月、東京放送局は芝・愛宕山《あたごやま》の新しい局舎に移った。八月一三日の夜、ラジオは「皆さん、このドラマは電気を消してお聞き下さい」と呼びかけた。「炭坑の中」である。このラジオドラマは、前年大正一三年（一九二四）イギリスのＢＢＣが放送し評判がよかったので、これを小山内《おさない》薫が翻訳し、自ら演出を買って出たものである。

原作者はリチャード・ヒューズで、炭坑が爆発をおこし、偶然、居合わせた老人と二人の若い男女が暗黒の闇の中に閉じ込められてしまうというストーリーだった。

闇の中で、いつ救助されるか分からない恐怖におびえる三人の声に、あふれ出す水の音、爆発音などがからみ、そのスリルは聞く人の胸をしめつけた。

電気を消した闇の中でドラマを聞くと、あたかも自分自身が、ドラマの中の人物になったような恐怖と興奮を覚えたのだった。

「炭坑の中」はいわゆるスリラーではないが、ここで、密室、暗黒、恐怖、そして事件の解決という探偵小説の持つ特性を見事なまでに浮彫りさせていたのである。

推理ドラマの芽がここにあったといってもいいだろう。

この頃、映画は無声映画であったが、推理冒険SF物は明治の末期から数多く作られている。外国製では「ジゴマ」「ファントマ」「ドクトル・マブゼ」などの探偵物、ジョルジュ・メリエスの「月世界探険」などのSF物が評判をとった。

日本ではアルセーヌ・ルパンの翻案物や、「ジゴマ」の類似映画などが作られたが、大正一四年四月号の『新青年』に久山秀子の筆名で書かれた「隼のお秀——女スリ」シリーズが、松竹蒲田で「チンピラ探偵」という題名で映画化されて評判となった。

ジョンストン・マッカレーの「地下鉄サム」を浅草六区の女スリ〝隼のお秀〟に置きかえたユーモア探偵物だったが、作者の久山秀子というのはなんと海軍兵学校の国語の教師をしていた片山襄《のぼる》という人の筆名であった。

このように映画ではすでに探偵物・SF物が作られていたが、やはり本格物の登場は昭和初期、映画がトーキーになってからである。複雑なトリックの解明には字幕だけでは無理だったのである。

その点、新しく誕生した声のラジオドラマは無声映画にくらべて、はるかに恵まれた機能を持っていた。

その新しい機能を「炭坑の中」は見事に発揮し、久保田万太郎をして「ガーンと打ちのめされたような感銘を受けた」といわしめたのである。

しかしながら、スリルとサスペンスが売りもので、声でいかなるトリックも解明出来るラジオドラマに探偵小説が本格的に登場するには、まだまだ時間がかかることになる。

それは探偵小説そのものの評価の低さも原因の一つであった。

文壇でも『新青年』の森下雨村や、『苦楽』の川口松太郎、『写真報知』の野村胡堂といった限られた編集者達のバックアップにより誌面が提供されているというのが実状で、江戸川乱歩自身、白井喬二らの主唱する「大衆文芸運動」に参加した際の感想として「私は当時、探偵小説が大衆小説の一部分の如く取扱われることに疑問を持っていた。英米では、探偵小説は広く大衆に理解されているが、日本では、純探偵小説の愛好家というものは、純文学の読者よりももっと少いように思われた。その事は『新青年』の発行部数からも推察された……」と『探偵小説三十年』の中で述べている。

この大衆文芸運動に参加したことにより乱歩自身は広く世間に名を知られることになり、大正一五年（昭和元年）の暮れから『朝日新聞』に「一寸法師」の連載をはじめ、乱歩のめざす純粋探偵小説とは違う、猟奇異端の通俗探偵小説作家としての一面だけが大きくクローズアップされることになるのだ。

そして探偵小説は「公序良俗」の放送にはなじまないものだという感を、いっそう強くさせる結果となった。

◉――ラジオになじまない探偵小説

探偵小説、特に江戸川乱歩の通俗探偵小説が放送になじまなかったことに関連していえば、乱歩自身、意識して「公序良俗」に背を向けていたともいえよう。

当時の娯楽雑誌の大手は『キング』であった。講談社の発行だが、正式名を「大日本雄弁会講談社」というこの出版社は、社長の野間清治の主唱する「老幼男女だれにも歓迎されるような、教育的・啓蒙的な健全な娯楽小説」を歓迎し、百万読者の支持を受けていると自負していた。

そのせいか作家に対する注文も多く、それを潔《いさぎよ》しとしない作家は講談社の雑誌に書くことは売文行為だとして忌避する風潮があった。

江戸川乱歩も又、その一人であった。

講談社好みのものは書けないという理由で、しばしば執筆依頼を断っていた。

しかし、その乱歩もついに昭和四年になり、講談社発行の『講談倶楽部』に「蜘蛛男」を連載するのだが、逆のいい方をすれば、「公序良俗」の講談社といえども江戸川乱歩の人気を無視出来なくなっていたのだ。

誕生間もない放送も、正面切って「探偵小説」をドラマ化することは出来なかったが、年に一回か二回、特別番組として「探偵物」を取上げている。

昭和二年（一九二七）十二月一五日の夜、二時間にわたって「探偵小説の夕」という特集を組んでいる。

森下雨村の「探偵小説について」という解説、甲賀三郎の「面白い探偵小説」ではドイルやルブランのものを取上げて紹介し、その次は「探偵小説が出来るまで」と題し、江戸川乱歩、甲賀三郎、横溝正史、水谷準が、それぞれ大下宇陀児《うだる》の司会によって、探偵小説に取組む姿勢について発言した。

そして、その後で乱歩ら「探偵趣味の会」合作による探偵劇が、山田隆弥、六条波子、土田純などの出演で放送されている。

乱歩の回顧によればそのドラマの題名は「カフェ奇譚」とあるが、NHKに残された放送記録によれば「深夜の客」となっている。脚本がないので詳細は分からないが、「カフェ」という題にこだわりがあり、無難な「深夜の客」に放送局の方で改題したのかもしれない。

いずれにしても放送局としては、たかだか探偵ドラマを放送するにしても、まず堅苦しく探偵小説とは何ぞやと解説を入れてからでないと大っぴらに出来ないとは、今から考えれば嘘のような状況におかれていたといえよう。

こうした状況は放送局側だけではなく、探偵作家の方でも充分心得ていたと思われる。

乱歩は自分の書くものが講談社向きではないと思いこんでいたほどだから、よもやラジオで自作が放送されることなど夢にも思っていなかったろう。従って乱歩はラジオから講演を頼まれると、探偵作家としてよりは真面目な大学教授といった姿勢で取組んでいる。

昭和五年（一九三〇）、シャーロック・ホームズ生みの親、コナン・ドイルが死んだ。

乱歩は七月一五日の午後七時二五分からＪＯＡＫの「趣味講座」でコナン・ドイルの思い出を三〇分間、全国ネットで放送している。ドイルの略歴・作風などや、晩年、心霊学に凝《こ》っていたことなど真摯な語り口でマイクロホンに向った。

この頃、乱歩は講談社の雑誌『キング』や『講談倶楽部』に「蜘蛛男」「魔術師」「黄金仮面」などを書き、文名大いに上っていた。ただ乱歩はこれを虚名として受けとめ、極度の差恥心にさいなまれていた。『探偵小説三十年』によれば、作家仲間やインテリ読者からヒンシュクされながらの虚名だったので差恥を感じ、手におえない惨状に陥り、厭人病が益々はげしくなったとある。

こんな乱歩だったから、当時もっとも新しいメディアで堅苦しいラジオの講演には、探偵小説の研究者としての立場で堂々と出演出来たのであろう。

当時のラジオ放送の娯楽番組では「浪花節」がトップであった。続いて講談、落語、知識層にはラジオドラマが新しい声の芸術として受け入れられていた。

里見弴《とん》、久保田万太郎、岸田国士《くにお》、吉井勇、山本有三、小山内薫、菊池寛、岡本綺堂など文壇トップクラスの作家がラジオドラマのオリジナルを次々に発表している。このメンバーと作風を考えれば、大衆雑誌のヒーローとなった江戸川乱歩といえども、ラジオドラマに喰い込む余地はなかったことが理解出来るだろう。

◉——探偵ドラマ「赤馬旅館」

昭和六年（一九三一）満洲事変が起こり、日本は次第に戦時体制下の重苦しい雰囲気に包まれていく。

出版・放送に対する国家の統制・監督は厳しくなり、昭和一二年（一九三七）支那事変が起こると、非常時、国家総動員などのかけ声で言論機関のすべては国民の志気をたかめ、戦争目的完遂のために向けられることになった。

江戸川乱歩の探偵小説など、真先に当局の槍玉にあがり、昭和一四年（一九三九）、乱歩は筆を折り隠栖を覚悟する。

それは江戸川乱歩短篇集のうちの「芋虫」が、警視庁検閲課により全篇削除の処分を受けたことによるものであるが、出版社側が、乱歩の文庫本や少年本の重版を見合わせるようになり、印税収入が当てにならない状態になっていたためである。

少年本というのは昭和一一年（一九三六）の「怪人二十面相」、一二年の「少年探偵団」、一三年の「妖怪博士」、一四年の「大金塊」（いずれも『少年倶楽部』連載のもので乱歩としてははじめての少年物）という四冊の単行本のことである。

戦後、ラジオの少年探偵ドラマ盛況のもとを作ったこれらの単行本が重版されないとなると、たしかに乱歩にとっては痛かったであろうが、当時、少年であったわたし達にとっても大いに迷惑であった。

たまたま所有している友人をおどしたり、すかしたり、何やら貢物まがいのものを贈ったりしてやっと借りる始末、そして家に持って帰ると親に見つからないようにこっそりと読む、そのスリルが今も忘れられない。

普通一般のお堅い家庭では江戸川乱歩という名前はタブーであった。

ラジオ放送でも探偵物が登場する機会はますます少なくなるが、記録によれば昭和一一年（一九三六）、この年はベルリン・オリンピックが開かれた年だが、一〇月二九日から三一日まで、JOAKは連続探偵ドラマ「深夜の冒険」を三夜にわたって放送している。甲賀三郎の作で、出演は柳永二郎、森赫子《かくこ》、伊志井寛《かん》となっている。

甲賀三郎は一高・東大出身の工学士で、農商務省の役人をしながら大正一三年に『新青年』に「琥珀のパイプ」を発表、探偵作家となった。

甲賀三郎は理論家だったが、政治性もあり、昭和一〇年頃には菊池寛の「文芸家協会」の役員をつとめ、その後、日本文学報国会の事務局の総務部長に推され、昭和二〇年（一九四五）、第二次大戦の末期二月には日本少国民文化協会事務局長として九州に出張、その帰路、岡山駅で死去した。

この経歴でも分かるように、甲賀三郎は江戸川乱歩と違って政府・軍部に対しては協力的であったといえよう。

「深夜の冒険」の内容については不明だが、昭和一三年（一九三八）の暮れ、一二月三〇日に放送された探偵ドラマ「赤馬旅館」については乱歩が『探偵小説四十年』に書いている。

小栗虫太郎が原案を考え、久生十蘭が脚色・演出した本格的なラジオドラマだが、出演者がすべて探偵作家だったということは、表面上、年忘れのお遊びといったスタイルをとったためであろう。シャーロック・ホームズを主人公にすえたところなど苦心のあとがうかがえる。

大富豪ミハエル家に呼ばれたホームズは、例によってワトソンを従えて登場する。ミハエル家の女秘書、そして近くの「赤馬旅館」の夫婦など怪しい人物がいるが、果してミハエル家に起こる怪事件の犯人は？

配役は、

ホームズ　江戸川乱歩
ワトソン　水谷準
赤馬旅館の亭主　大下宇陀児
〃　の女房　海野十三
〃　の息子　蘭郁二郎
ミハエル　渡辺啓助
〃　の従僕　延原謙
〃　の女秘書　勝伸枝（延原夫人）
馭者　城昌幸
牧師　木々高太郎

海野十三の女形とは恐れ入った趣向だが、ここでも甲賀三郎の解説というのがついている。脚色・演出の久生十蘭は、本名阿部正雄、パリに留学、物理学と演劇を学んだという探偵作家の変り種だった。帰国後、岸田国士の演出助手をつとめるなど演劇の専門家だったから、お遊びの探偵ドラマとはいえ、そのリハーサルは厳しく、セリフのやり直しを何回もやらされたと乱歩は思い出に書いている。

この企画は放送局よりは、むしろ海野十三が発案し、放送局に持ち込んだものらしい。

●——探偵小説が書けない

「赤馬旅館」が放送された昭和一三年(一九三八)には、その他二つの探偵ドラマが放送されている。

二月一〇日、ラジオコメディ「ある恐ろしきスパイ」は海野十三の原作、古川緑波《ろっぱ》一座の出演で、脚色は緑波文芸部となっている。

ラジオコメディとあるとおり、緑波得意の笑劇だが、笑いのうちにスパイの恐ろしさを訴えるといった内容だと思われる。

海野十三は早稲田大学で電気工学を学び、逓信省電気試験所に勤めていたという経歴からも分かるように、探偵小説の中に科学トリックを持ち込んで成功した。その他、今日でいうＳＦ風の小説や、軍事科学小説とでもいうべきものを数多く発表し、昭和一二年から一三年にかけても

「見えざる敵」「大間諜」「諜報」「暗号数字」などというスパイ小説を『新青年』『講談雑誌』などに書いている。

こうした一連のスパイ小説の線から放送用の原作を依頼されたものと思われる。

もう一つの探偵ドラマはJOBK(大阪)の制作による三夜連続の「山彦」で、記録によると、原案・江戸川乱歩となっている。脚色が野上徹夫、出演は進藤英太郎、山村聰とあるが、乱歩の原案がどの程度のものなのか、トリック、ストーリーのほんのヒントだけ戴いて、あとは脚本家が書いてしまう場合もあるのでよく分からない。

登場人物の名前とキャラクターだけ頂戴して後は脚本家が勝手にストーリーを作っても、原案、又は原作として、原作者の名前を出すこともある。

「山彦」が名前だけの原案だったのではないかと思えるのは、あの記録魔の乱歩が、『探偵小説四十年』の昭和一三年の項で、何一つ「山彦」について触れてないからである。一二月の「赤馬旅館」については新聞の紹介記事など保存しているのに、それより前の七月二七日から二九日まで三夜連続の、自分が原案者であるラジオドラマについて一言も触れてないのが不思議なのである。

この年、昭和一三年(一九三八)一〇月にはアメリカ放送界で衝撃的な一つの出来事があった。CBSネットの全米放送は、「緊急事態が発生しました、火星人の襲来です」という臨時ニュースではじまるラジオドラマ「火星人侵入」をオーソン・ウェルズの演出で放送したのである。

H・G・ウェルズの「宇宙戦争」をドラマ化したものだったが、そのあまりの迫真力に、多くの人々は実際の出来事だと信じ、大パニックを引き起こしたのだった。

SFドラマとしては大成功だったが、群集心理の恐ろしさと、ラジオというメディアの持つ強大な影響力を考えさせる事件であった。

これと似たようなSFドラマ騒ぎを、わたしも、舞台は狭い山陰のローカル局で演じているが、それは後述することにする。

昭和一四年（一九三九）、JOBK（大阪）は一〇月一四日に甲賀三郎作の「酒場の少女」というラジオドラマを伊東亮英の主演で放送しているが、残念ながらその詳細は不明である。

昭和一五年（一九四〇）七月、第二次の近衛内閣が成立すると、日本軍の仏印進駐、日独伊三国同盟の締結、大政翼賛会結成など、きなくさい匂いがたちこめ、文学・映画・放送すべて新体制、忠君愛国でないものは排除されるに至った。

殺人を遊戯化する探偵小説など言語道断、探偵作家は別の分野、スパイ小説、科学小説、軍事小説、冒険小説などに転身せざるを得なくなった。

そして昭和一六年（一九四一）一二月八日、日本は太平洋戦争に突入した。

探偵作家達も陸軍・海軍の報道班員として戦地に従軍するようになり、蘭郁二郎は南方戦線に向う途中、台湾で飛行機事故のために死んでいる（昭和一九年一月）。

こうした探偵作家の中で海野十三だけは依然として旺盛な執筆活動を続けていた。

探偵小説といっても乱歩のような猟奇趣味はなく、科学冒険、SFに近い作家であり、戦争協力の愛国者でもあったので、早くから少年向けに国威発揚・戦意昂揚を目的とした科学冒険小説を書いていた。中でも昭和一三年に発表した「浮かぶ飛行島」は一つの島全体が航空母艦だったという雄大な構想を持ち、当時の少年の夢をかきたてた。

この頃、少年向けの軍事探偵物では、山中峯太郎が「日東の剣俠児」「亜細亜の曙」「大東の鉄人」などを書き、他に平田晋策《しんさく》が「昭和遊撃隊」「新戦艦高千穂」と日米戦を予想した空想海戦小説を書いていたが、海野十三は「浮かぶ飛行島」に続いて「太平洋魔城」、そして昭和一六年から「怪鳥艇」を『少年倶楽部』に連載、当時愛読者だったわたしは、毎号楽しみにしていた。

海野十三の他の少年物で記憶にあるのは「大空魔艦」、空を飛ぶ要塞、砲台といった巨大な飛行機にまぎれ込んだ少年の冒険物語だが、その大空魔艦のイメージは、後のＢ17、Ｂ29といったアメリカの超大型爆撃機とは違ったもので、現在のロッキードＣ130ハーキュリーズを改造した地上攻撃用のガンシップのシルエットに近い。ずんぐりしたでかい図体からニョキニョキと砲身が出ている写真を見て、わたしは思わず「大空魔艦だ」と叫んだのである。

◉――海野十三のＳＦドラマ

海野十三は海軍報道班員として従軍し、南方戦線を視察するなど積極的に戦争に協力したので軍部のおぼえも目出たく、戦争中も執筆活動が続けられた。

昭和一八年（一九四三）五月一六日、海野十三作の子供向けのドラマ「潜水飛行艇飛魚号」が池田忠夫の主演で放送された。

当時、国民学校の上級生であったわたしはこの放送を聞いた記憶がある。『少年倶楽部』に連載された「怪鳥艇」をベースにしたドラマのように思われるが、潜水艇が海中から空へ舞上る様子が音響効果によって生々と描かれ、小説を読むのとは違った興奮を覚えた。まさか後年、そのラジオドラマの演出家になろうとは思いもせず、必死になって古めかしいラジオにかじりついていたのを思い出す。

このドラマは好評だったようで、翌昭和一九年（一九四四）一月三〇日、海野十三は、同じ子供の時間に「成層圏戦隊」というドラマを書いている。出演者も同じ池田忠夫であった。

このドラマは聞いた記憶はないが、題名からして、恐らく成層圏を飛ぶ高性能機が米軍を相手に戦うというストーリーだったろう。

このように戦争中の放送は戦意昂揚一色だったので、ミステリーの喰い入る余地はなかった。わずかにスパイ・軍事・科学物でスリルを味わう程度であった。

昭和一七年（一九四二）の一月一一日には、SF冒険小説の古典ともいうべき、押川春浪の「海底軍艦」を井狩肇の脚色、江川宇礼雄の出演でドラマ化して放送している。

押川春浪は明治三三年（一九〇〇）東京専門学校（早稲田大学）在学中に、この「海底軍艦」を発表、その後、「海底軍艦」の六部作や「北極飛行船」「千年後の世界」などSF的な冒険小説を発表し、大正三年（一九一四）三八歳で死去している。

日露戦争の前、潜水艦などなかった時代に、海底軍艦のアイデアを生み、この海底軍艦は全世界を舞台に活躍するのだが、常に横暴な白人が相手で、それと戦って勝つというストーリーなので、これならば戦争中といえども放送出来たわけである。

放送といえば、陸軍報道班員として満支方面に従軍した探偵作家・渡辺啓助のエピソードがある。

渡辺啓助は従軍先で発病、北京の病院で療養中、北京原人の資料を集めて帰国、『新青年』に「北京人類」を発表、それがラジオで放送されたという。ラジオドラマの記録にはないので朗読などで紹介されたのであろうが、この小説は、後に金子洋文の脚本で「北京の謎」と改題され、小夜《さよ》福子などの出演で邦楽座で上演されている。

渡辺啓助は他にも『新青年』に蒙古に取材した「オルドスの鷹」を書き、直木賞の候補になり、映画化の話もあったが、すでに戦局が悪化しロケーションが不可能なので中止されたという。

こうした一部の作家を除き、戦争中の探偵作家には本来の舞台で活躍する機会は全くなかった。江戸川乱歩や大下宇陀児は、町内会の責任者となり物資の配給や防空指導の任に当っていた。

ラジオからは、徳川夢声の物語「宮本武蔵」が、ミステリーといえば、「半七捕物帳」などの捕物帖が巌金四郎《いわお》など声優達の朗読により、空襲下にあっても放送されていた。

◉――検閲がきびしい

昭和二〇年（一九四五）八月一五日、太平洋戦争は終った。

電波は敗戦の混乱収拾のための報道・告知放送で埋められ、演芸・音楽・ドラマなどの娯楽番組はすべて姿を消した。

九月に入って、新国劇のラジオドラマ「五重塔」や、前進座の舞台劇「助六由縁江戸桜」が放送され、落語、浪花節なども次第に復活するようになった。

ところが九月一〇日、占領軍司令部（ＧＨＱ）からの通知があり、放送番組の内容について、「軍事的・好戦的・復讐的」なものは禁止され、武士道精神をたたえるものも不可となった。

こうなると日本人の好きなチャンバラ時代劇は好戦的で、「忠臣蔵」は復讐的な武士道精神を昂揚させる内容ということになってしまう。

そこで登場したのがアメリカの放送界で受けていたソープオペラといわれる連続ホームコメディ「向う三軒両隣り」であり、浮浪児救済のキャンペーンドラマ「鐘の鳴る丘」であった。

日本人の意識改革をめざすＧＨＱの方針により、こうしたキャンペーンドラマや毒にも薬にもならないソープオペラを制作していた放送界と異なり、出版界では終戦と同時に、探偵小説が華々しく復活した。

出版界もまたＧＨＱの指導で、武士道精神を表す、いわゆるマゲ物が禁示されたので、大衆読物としては探偵小説しかないというわけである。

昭和二〇年の暮れには、多くの出版社が江戸川乱歩のもとを訪れ、乱歩も、いよいよ探偵小説復活なるかと喜んだ。

そして翌二一年の三月には筑波書林が探偵雑誌『ロック』を創刊、四月には戦後の探偵小説ブームの原動力となる『宝石』が岩谷書店から創刊された。

編集長は城昌幸で、横溝正史の本格探偵小説「本陣殺人事件」が連載された。

この年、創刊された探偵雑誌は、『トップ』(トップ社)、『ぷろふいる』(ぷろふいる社)、『探偵よみもの』(国際文化社)などだが、平凡社、雄鶏社なども戦前のものをセレクトして出版している。

こうして探偵小説のブームがはじまるのだが、放送では推理を楽しむクイズ番組が誕生して大衆の人気を博した。

「話の泉」「二十の扉」は、それぞれアメリカ産のものを日本的にアレンジしたものだが、「話の泉」がおっとり教養型なのに対し、「二十の扉」はスピーディで簡単な推理を聴取者と共に楽しめる番組であった。

この「二十の扉」のレギュラー出演者となった探偵作家の大下宇陀児は、処女作「金口の巻煙草」を大正一四年(一九二五)『新青年』に発表して以来、いわゆる本格物とは一味違った文学的な作風で江戸川乱歩、甲賀三郎などと肩をならべる人気作家となった。

大下宇陀児は九州帝大の応用化学の出身であったが、理化学を応用したトリックを一度も使ったことはなかった。

その大下宇陀児が「二十の扉」のレギュラーとなって驚いたのは、タレントとしての人気の物凄さだった。全国どこへ行っても「二十の扉」の大下宇陀児を知らぬ者はいないほどで、彼もまた、その人気にこたえて大いにタレント振りを発揮した。

「二十の扉」は昭和二二年(一九四七)の一一月一日が初放送だが、この年の六月、探偵作家クラブが結成され、会長に江戸川乱歩、幹事には横溝正史、木々高太郎などと共に大下宇陀児も選ばれている。そして昭和二七年には、乱歩の後をついで二代目の会長となった。

昭和二四年（一九四九）九月、放送は、はじめての定時スリラー番組を持つこととなった。「灰色の部屋」である。

アメリカでは戦時中にスリラーが流行し、映画もラジオも探偵物を多く制作したが、日本では戦争が終って四年、ようやく探偵ドラマが定時番組としてスタート出来る状況になったのである。

戦前・戦中と放送になじまなかった探偵小説は戦後、かつてないブームをまきおこしたが、それはあくまでも出版、そして映画の世界でのことであり、放送は探偵小説に対して慎重、いや臆病といっていい態度を取り続けた。

政府・軍部の圧力はなくなったが、そのかわりにGHQの事前検閲があり、武士道・軍国主義だけではなく、好色、残忍、復讐などのどぎつい表現・内容は厳重にチェックされた。

出版物とは違った厳しい規制が電波には課せられていたのである。

茶の間に自由にとびこんでくる電波だけに当然といえば当然だが、時として、この放送考査規定は探偵ドラマの自由な発想をさまたげることにもなりかねない。やたらに人を殺すのはよくないといっても、古今東西の傑作探偵小説はたいてい不可解な連続殺人だし、「好色・残忍」はいけないというので「女の死体の太腿に傷がある」というセリフがカットされた例もある。

神経質すぎるようだが、こうした考査規定は今も生きているのだ。制作者としては如何にナマな表現をさけて通るか苦心するわけで、これは放送というメディアに対する社会通念だと思って諦めなければならないだろう。

それにしても最近の特にテレビのサスペンス物では、意味のない女の裸体やどぎつい殺人方法などがことさらにクローズアップされる傾向にあるのはどうかと思う。

戦後間もない頃の放送考査規定はそれほど厳しかったので、探偵ドラマを出版界のように直ちに登場させるわけにはいかなかったのである。

◉——灰色の部屋

はじめての定時スリラードラマ「灰色の部屋」の初放送は昭和二四年（一九四九）九月九日、午後七時半から四五分まで、第二放送で水谷準の「司馬家崩壊」第一回目がそれである。

この「灰色の部屋」誕生については、すでに前々から文芸部の企画担当者の間で何とかして探偵ドラマを定時化したいという希望があった。だが担当者の熱意にもかかわらず、事はおいそれとははこばなかったらしい。ＮＨＫ内部には、まだ探偵小説というものを特殊なもので茶の間には不向きだと考えている人が多かったのだ。

それでも何とか企画が通り、一応試験的にということで与えられたのは一五分、第二放送でやってみろということだった。

第一放送の夕方から夜間までは「向う三軒両隣り」「鐘の鳴る丘」「話の泉」「二十の扉」、そして昭和二四年からは新しく「私は誰でしょう」「とんち教室」などの人気番組が加わって花盛り、ラジオドラマの本山ともいうべき「放送劇」は同じ第一放送の金曜日の午後八時からで、そのため、金曜日のドラマという意味で「金ドラ」の愛称で親しまれていた。

やっと生まれることになった「灰色の部屋」に割り当てられたのが、「金ドラ」の前座ともいえる午後七時半から十五分間、それもひっそり裏番組ともいえる第二放送であった。

しかし、これも考えようによればドラマファンにとっては好都合だったともいえる。「金ドラ」を聞く前に軽く探偵ドラマでも聞くかと気やすくダイヤルを廻せばいいのだ。

当時はＧＨＱの検閲があったが、それも無事に通って九月九日初放送に漕ぎつけたというわけである。

時間が一五分といっても、週一回で月に四回か五回やれば、一寸した短篇小説をドラマ化出来る。

ラインナップは九月「司馬家崩壊」（水谷準）、一〇月「誰が裁いたか」（甲賀三郎）、一一月「難船小僧」（夢野久作）、一二月「情獄」（大下宇陀児）であったが、初放送以来、番組の人気は上々で、一一月頃には、翌年の一月から三〇分の枠ひろげが認められたのだった。

昭和二五年（一九五〇）、放送時間が三〇分となった「灰色の部屋」は毎週一回、一月《ひとつき》完結の原則はあったが、短篇を集めた月もあり、原作も古くは黒岩涙香から、外国物（コーネル・ウールリッチ、モーリス・ルブラン、ジョルジュ・シムノン）まで、内容も純探偵物、怪奇物、ＳＦ幻想物、さらには捕物帖（城昌幸の〝若様侍〟）まで幅広くバラエティを持たせて人気番組の一つとなった。

昭和二四年の暮れには、戦前、探偵作家総出演の探偵劇があったように、年忘れの特集として横溝正史原作の「びっくり箱殺人事件」を武田武彦の脚本で放送している。「びっくり箱殺人事件」は、昭和二三年一月から一〇月まで『月刊読売』に連載されたユーモア探偵小説だったが、これをドラマタイズし、探偵作家が出演したのである。

メンバーは、江戸川乱歩、大下宇陀児、木々高太郎、水谷準、城昌幸などの戦前派の長老達の他に、新しく香山滋、島田一男、山田風太郎、高木彬光、楠田匡介など、『宝石』の懸賞などでデビューした探偵作家の顔が並んでいる。それに「二十の扉」の女王・柴田早苗が特別参加した他、例によって解説がつき、黒部竜二がつとめた。

◉──「犯人は誰だ」から「素人ラジオ探偵局」へ

「灰色の部屋」は昭和二八年（一九五三）の一〇月まで続くのだが、その人気を見てＮＨＫは、昭和二六年（一九五一）四月から新しい形式のクイズドラマ「犯人は誰だ」（日曜日、午後九時、第二放送）をスタートさせた。

「灰色の部屋」のように、送る側で一方的にトリックを解明するのではなく、受ける側に解決してもらおうという趣向の一五分番組である。

まずドラマ形式でストーリーが展開する。謎が提起されたところでドラマはストップ、さあ犯人は誰でしょう、分かった方は犯人の名前をハガキに書いて送って下さい。正解者には五〇〇円の賞金をさしあげます、というもの。当時の五〇〇円といえば、東京の都電が一〇円、うな重・三〇〇円の時代だから、高くもないが、クイズの賞金としてはまあまあだったろう。

そして真犯人の名前とトリックの解明は次の週に発表されることになっていた。

ただこの番組は対象が主婦や子供を含めた一般の人々だったので、トリックも簡単なものでなければならず、いわゆる探偵小説ファンを満足させるものではなかった。

しかし一般的な人気は上々で、探偵作家も動員され大いに協力している。

この頃、『宝石』では「犯人は誰だ」の放送台本を読物として掲載していた。

昭和二六年の一一月号には、
ＮＨＫ好評番組「犯人は誰だ」
○蜜蜂マヤ子の死　武田武彦
○四谷怪談事件　渡辺啓助
○謎のラジオ　岡田鯱彦
○サーカスの殺人　氷川　瓏《ろう》
と四篇の放送台本を揃えている。
『宝石』のこの号では他に特集として、「放送探偵劇を語る」と題し、次のメンバーによる座談会がある。
久保田万太郎
八田裕一（ＮＨＫ企画）

湯浅辰馬（〃　演出）
石川　年（〃　脚本）
加納米一（〃　効果）
城　昌幸（『宝石』編集長）

内容は「私は誰でしょう」「灰色の部屋」などの番組の裏話が主となっているが、その中で、「灰色の部屋」の放送時間が午後七時半からだと、サマータイム（夏期、時間を一時間くり上げたことがある）のおかげで、世の中は一向に暗くならない、灰色の部屋が明るくては、犬をワーンと鳴かせても効果がないという発言があったりして時代を感じさせる。

それに対して、あまり探偵小説が好きそうでもない久保田万太郎が、七月の日盛りに「牡丹燈籠」の中継を聞いたが、ちょっと面白かった。白日の夢みたいな気がした――といっているのも面白い。

昭和二六年の九月一日には日本ではじめての民間放送「中部日本放送」と「新日本放送」（毎日放送）が開局し、放送はNHKの独占ではなくなった。

「新日本放送」ではNHKの「灰色の部屋」に対抗して探偵ドラマ「水曜日の秘密」をスタートさせ、これが民放スリラー番組の元祖となった。その第一作は木々高太郎の「十二の傷の物語」で香住春吾が脚色した。

この年、一二月には「ラジオ東京」（TBS）が開局、こちらは野村胡堂の「銭形平次捕物控」でスタートした。出演者は滝沢修、市川紅梅、渡辺篤等であった。

昭和二七年（一九五二）四月、NHKは、女湯を空にしたという連続放送劇「君の名は」（菊田一夫作、古関裕而音楽、阿里道子、北沢彪《ひょう》出演）をスタートさせ、昭和二九年四月までの二年間、ラジオドラマ最後の大ヒット番組となった。

昭和二八年（一九五三）の一〇月には「犯人は誰だ」が終了し、後番組として「素人ラジオ探偵局」が誕生した。

この年の五月七日、「犯人は誰だ」の一〇〇回記念の公開放送が田村町の飛行館ホールで行われた。

まず「とんち教室」の公開放送があり、当時、探偵作家クラブの会長をしていた大下宇陀児の挨拶があって、彼自身の作「大掃除」と永瀬三吾作「青葉の頃」の二本が観客の前で演じられた。

この公開放送が評判になったことに自信を得たのか、「犯人は誰だ」の後番組「素人ラジオ探偵局」は、はじめから公開放送のスタイルで出発した。会場は飛行館ホール、後に放送会館（内幸町《うちさいわいちょう》）の第一スタジオに移った。

フォーマットは「犯人は誰だ」と同じくドラマ仕立てだが、放送時間が三〇分となったので、ドラマが単なる筋のはこびだけではなく、ドラマとしての面白さも出せるようになり、更に観客の反応を確かめながら演技が出来るので舞台と観客席との一体感が生まれた。その上、犯人が誰だろうという推理の結果が、六人の素人探偵の回答の後ですぐドラマの後半によって観客に示されるので、いわば、三〇分の探偵ドラマを目の前で見たという楽しさと満足感が味わえるようになったのである。

楠田匡介、山村正夫といった当時の新進・中堅の探偵作家が原作を提供し、てだれの脚本家が巧みに脚色し、目の前の観客にも、放送を聞いている人にも同じように推理が楽しめるように努力した。

「素人ラジオ探偵局」は当初毎週日曜日の午後二時から三〇分間放送されたが、更に内容の充実を計るために、後になって日曜日の午後四時一五分から五時までの四五分間に枠が拡げられた。いずれも第一放送で、「灰色の部屋」や「犯人は誰だ」よりも、幅広い聴取者を獲得したいという姿勢がうかがえる。

◉――「探偵」か「推理」か

「素人ラジオ探偵局」のタイトルが示すように昭和二〇年代には、まだ推理小説・推理ドラマという言葉は一般的ではなかった。

通説によれば戦後、木々高太郎が、従来の探偵小説にまといついている猟奇・怪奇・非論理な通俗臭を排するために「推理小説」という名称に変える事を提唱したという。新しく定められた当用漢字で「探偵」と読ませられないから、新しい用語を探したのだという説もあるが、探偵小説の大御所・江戸川乱歩も、戦後すぐに推理小説という言葉を使っている。昭和二一年九月号の『改造』に「推理小説随想」というエッセイを書いているのだ。

この中で乱歩はこういっている。

「探偵小説という言葉は、日本では少し広い意味に使われすぎていて、本来の探偵小説とか本格探偵小説とか余計な形容詞をつけて、そうでない作風と区別する慣《なら》わしになっているが、本来の謎と論理の興味を主眼とする探偵小説を『推理小説』と呼べば、そういう面倒が省け、意味もハッキリして来るのではないかと思う。殊更《ことさ》ら異を立てるのではなく、単に便宜の為に『本来の』とか『本格』とか余計な文字を使う面倒をさけるために、本稿では姑《しばら》く『推理小説』という名称を使いたいと考える」

この時、乱歩は「推理小説」を純粋な謎解きを主眼とした本格探偵物という意味で使っている。今日のように、乱歩のいう変格物や時にはSFも含めての「推理小説」という使われ方を予想したわけではなさそうだ。

これに対し木々高太郎は昭和二五年の『サンデー毎日春季号』で、彼が主唱する「推理小説」には、従来の探偵小説、怪奇小説、スリラー、考証小説、心理小説、思想小説などすべてが含まれると述べて、以後、探偵小説か推理小説かでもめるもとになった。

そして昭和三〇年代に入ると「探偵」「推理」がめいめい勝手に使われるようになる。

昭和三一年（一九五六）、春陽堂『長篇探偵小説全集』、河出書房『探偵小説名作全集』が出版されたが、同じ年、東京創元社が出したのは『世界推理小説全集』である。東京創元社は翌三二年にも『現代推理小説全集』と銘打ったシリーズの刊行をはじめた。

この年、三二年には松本清張が『旅』に「点と線」の連載をはじめており、この頃から「探偵小説」にかわって「推理小説」という用語がマスコミ関係で、次第に使われるようになっていく。

そして昭和三八年（一九六三）、「探偵作家クラブ」を「日本推理作家協会」（社団法人）と改め、探偵作家自身が推理小説を公式に是認することになるのだ。

わたし自身の経験をいえば、昭和三三年頃までは「探偵小説」を書き、わたしの演出するものは「探偵ドラマ」である。新聞の切り抜きを見ても、昭和三三年七月の『島根新聞』（現在の『山陰中央新報』）のエッセイは「探偵小説雑感」というタイトルである。

翌三四年には二冊の単行本を出している。一冊は『たそがれの肉体』（久保書店）でエロチックミステリーの短篇集、もう一冊は『消えた街』（東洋文芸社）で、これは『宝石』に載せた本格短篇集である。

ところが、この書評で『たそがれの肉体』『消えた街』について「二つの推理小説集」として『島根新聞』で渡辺渡（松江放送局ライター）が論じているのに対し、『中国新聞』の書評では「四篇の探偵小説を集めた『消えた街』」とあり、まだ「探偵」か「推理」かでマスコミの中でも混乱が見られる。

そして翌三五年に、わたしは『島根新聞』にはじめての連載小説を執筆するが、その社告には、はっきりと、「推理小説『猿神の呪い』」とある。だが筆者の肩書きは、新鋭の探偵作家となっているのだから今から思えばおかしい。

こうした事情をふまえながら、第三章からは「推理小説」「推理ドラマ」に用語を統一し、時にミステリー、スリラー、ＳＦなどの用語をまじえて記述したい。

第三章

わが心のミステリードラマ

昭和33年～昭和36年頃

◉――ミステリーがやって来る

昭和三三年（一九五八）六月、わたしは広島から松江放送局に転勤を命じられた。入局五年目、そろそろ花のお江戸の文芸部に口がかかってもいい頃だった。

この年の放送記念日、三月二二日に、わたしは広島中央局長賞を受けている。少年物のドラマの成果と新人作家の育成につくしたという理由からだった。局長賞をくれるほどだから認めてくれているのだろう、東京へ栄転させてくれるかも知れないと甘い考えになっても不思議ではない。ところが蓋をあけてみると広島管内の松江局に転勤だ。

これは、少々こたえた。

広島はまがりなりにも中央放送局だ。

松江は単なるローカル放送局、情なくなって、一瞬、ＮＨＫを辞めて推理作家一本でやって行こうなどと考えたりした。

『宝石』（これは稿料未払いが多かったが知名度は抜群である）、『探偵実話』、『裏窓』、『オール読切』、『耽奇小説』などに書いていたから、筆一本を専業としても何とか喰っていけるのではないか、そんな気持もあって松江へ赴任する前に上京、雑誌社を廻って見たが、どうやら現実は厳しいようである。

せっかく入ったＮＨＫを辞めるなんて愚の骨頂と忠告されて、松江だって住めば都だろうと、そこはB型、女房を連れて中国山脈を越えた。

恐れを知らぬ二六歳であった。

後で知ったのだが、この時、松江からは、今度来る若いプロデューサーは、探偵小説を書いており、ドラマも探偵物ばかりに熱中しているようだが、松江ではそんな贅沢はさせられない、他に適当な人物はいないのかとクレームがついたらしい。

そんな時、出す方は精一杯、ほめちぎるものだが、それが功を奏したのか松江の方が諦めたのか、とにかく無事に着任した。

だがあらかじめ、わたしが探偵、いや区切りをつけてこの章からは推理に用語を統一するが、推理小説の愛好者、というよりは一応推理作家の肩書きを持っていることが分かっていたために、わたしにとっては好都合だった。

『一九五七年（昭和三二年）版探偵小説年鑑』（探偵作家クラブ編）の巻末、探偵作家住所録に、
川野京輔　広島市南千田町一〇三五　上野友夫方
とあるのだから、れっきとした作家には違いない。ただ上野友夫方というのがいただけないが、筆名の標札を出すほどの自信はなかったのだろう。

余談だが、松江在住中に「川野京輔」の標札を「上野友夫」に並べて掲げたところ、同居人がいるのなら届けろと警察にいわれてあわててしまった。

松江放送局は町を見下す床几山の山頂にあった。

東京の愛宕山もそうだが、昔は放送局はどこでも局舎から直接、電波を発射していたなごりで

小高い丘の上に建てられていた。

そこで放送局のことを「ヤマ」と呼ぶならわしがあった。松江放送局はまさしく「ヤマ」であった。

登り道は四つ、なだらかだが大廻りの道はぶらぶら歩きか大きな自動車が通る道である。二つ目と三つ目は小型自動車ならやっと通れるかなり急な坂道、四つ目は局の裏側に出る小さな石段、これが一番近道だが車は通らないし、長い急な石段なので心臓破り、おい茂った草むらは蛇の住み家というありがたくない道である。

年配の放送部長は二つ目の道で出勤していたが、必ず途中、林が切れて下界が見おろせる所で立ちどまり、呼吸をととのえてからもう一登りといった、そんなところに局舎があった。

松江放送局、ＪＯＴＫ、昭和六年（一九三一）の開局、なんとわたしと同い年であった。

放送部は部長以下、アナウンサー五、放送記者五、プロデューサー五、事務・アルバイト若干名といった小世帯、わたしは、ここで、芸能番組の一切（ドラマ、朗読、音楽）を担当することになった。

昭和三三年（一九五八）山陰地方にはまだテレビ電波はとどいていなかった。

◉――推理ドラマを推理する

松江には昭和三三年六月から三五年六月まで丸二年いたが、その間に担当した番組は、連続物の回数も含めると三〇〇本、年間にして一五〇本、ラジオでローカルで一五分番組が多かったとはいえ、これは大変な数字である。

ドラマ番組は「ラジオ劇場」「連続ラジオドラマ」「TK演芸ホール」「松江子供劇場」それに特集物などだが、その大半は推理物である。

神々の住む落ちついた伝統の町といえば聞こえはいいが、古めかしい「公序良俗」の生きている町に、「推理ドラマ」を引っさげてなぐり込みをかけるのだという、そんな気負いの結果だろう。

この年、昭和三三年の四月からNHKテレビでは「事件記者」をスタートさせている。作家の島田一男については前述したが、音楽は小倉朗、主な出演者は滝田裕介、大森義夫、綾川香、永井智雄、山田吾一、坪内美詠子などであった。毎週木曜日午後九時から九時三〇分、演出は若林一郎である。

この番組については、わたしが東京に転勤になって、いささか関係を持つことになるので、後になって触れることもあるだろうが、当時、局内でも、事件記者とはなんぞや、そんな言葉があるのかといわれたものだ。

警視庁の記者クラブに所属する各新聞社の社会部の記者、いわゆるサツ廻りの記者のことなのだが、事件を追っかける記者だから「事件記者」でどうだと作者の島田一男が考え出した新造語だった。

二週で一話が完結するフォーマットで、ロケーションはめったにないスタジオドラマ、それも警視庁の記者クラブと、記者達のたまり場「ひさご」が主な舞台で、テンポのある会話が飛び交う新鮮なドラマ作りがたちまち視聴者の人気を集めた。

そしてこの番組は、当初、無名であった俳優の中から多くのスターを生んでいる。園井啓介、藤岡琢也、山田吾一などだが、中でも山田吾一は劇中、ガンさんと呼ばれるオッチョコチョイで人のいい記者を演じて人気者となった。

昭和三七年（一九六二）、日活映画が東宝の向うを張ってユーモア・サラリーマン物を企画し、わたしは三本の原作小説を提供しているが、その第一作「新入社員第一課」（監督・井田探《もとむ》）の主演は山田吾一であった。

初めての主演作で、共演は桂小金治、森川信、深大寺のロケーション便りには、山田吾一がソバをぱくついている写真があり、コメントには「名物深大寺ソバをパクつくガンさん、噂に高い大喰いぶりに共演の清水まゆみがアキレ顔」などとあり、如何に「事件記者」のガンさん役で親しまれたかが分かるだろう。

山田吾一はその後「大器晩成」「昨日の敵は今日の友」とわたしの原作物に桂小金治とのコンビで出演、今ではシリアスな役柄もこなすベテラン俳優に成長した。

昭和三三年には日本テレビが「怪人二十面相」をスタートさせたが、原作者の江戸川乱歩は、ラジオ東京のラジオ番組「スリラー劇場」の解説を引き受け、毎回二分程度の声出しをしている。同時に同じラジオ東京のテレビ番組「この謎は私が解く」では、画面に姿を現してトリックの解説をしている。

松江のテレビは開局していないので、たまに上京して見るだけだが、花のお江戸は推理ドラマばやりのようだった。

だがそんな現象について、わたしは自分が松江というローカルにいるひがみからか、かなり冷やかな目で見ていたようだ。

その頃、『中国新聞』に求められて書いた随筆「推理ドラマを推理する」でこういっている。

「たまに上京して民間テレビをあれこれと見ると、なるほど推理ブームだと納得できる。中にはヒッチコックの真似をして江戸川乱歩が画面に現われ、一くさりウンチクをかたむける番組もあったり、あの手この手でお盛んなことである。ところがハンで押したようにどれもこれも面白くない。一九世紀そのままの物理的なトリックを懸命に写し出そうとしているが、ことごとく失敗である。芝居の女座長を幕を開けるおもしで殺すものなど噴飯としか表現のしようがない。上から石を落してちょうどその下に人間がいるかどうか、もっともらしい説明を乱歩がつけるが妙に空々しい。探偵小説なら読者が勝手にイメージを描くから少しくらいの非現実性はなんでもない。むしろそうした非現実的なトリックを楽しむ余裕をファンは持っている。しかしテレビはようしゃなく現実のあり得べき事件として描き出してしまう。（中略）画面に現われるのをそのまま受け入れる無邪気な人々にとって推理ドラマの非現実性はどうにもついていけないはずである。ベストセラーが売れる人口とテレビを見る人口とを比べて見ればすぐ分かることである。ベストセラーは恐らくテレビの十分の一にも満たない人々の数によって支えられているに違いない。（中略）テレビの推理ドラマはまずドラマとして人々をひきつけるものでなくてはならない。推理はその上の色どりである。島田一男の『事件記者』を推すゆえんである」

●――SFドラマは松江から

昭和三三年、松江に着任してまず待っていたのは、「松江子供劇場」のラジオドラマ「名なし海物語」でこれは前任者の置き土産である。

七月一六日には「水郷祭」の実況中継を担当した。アナウンサーとゲストを伴い宍道湖《しんじ》に浮かぶ嫁ケ島に渡って、松江の町の灯を見ながらゲストの話を聞くという趣向だったが、人のいない無人島の夜、血に飢えた蚊の大群に包囲されて、肌の露出しているところは勿論、シャツやズボンを通して刺す奴までいて、カユイ、イタイの連発だった。

七月三〇日の夜、九時から三〇分間、「ラジオ劇場」は、瀬田美樹男作の「通夜に客あり」。通夜に現れた謎の女をめぐるミステリアスなドラマ、推理ドラマとして書かれたものではないが、作者の瀬田美樹男は広島で懇意にしていた関係で、わたしの好みに合わせたドラマを書いてくれた。

八月の「松江子供劇場」はSFドラマの特集を組んだ。土曜日、午後六・〇五から一五分間のドラマで、

二一日「霧の夜」　　　　作・光瀬龍

九日「私の月世界留学」作・小隅黎《こずみれい》（柴野拓美の筆名）
一六日「井戸のなか」　作・星新一
二三日「宝さがし」　　作・坂田治（矢野徹の筆名）

というラインナップを見れば驚く人も多いだろう。ＳＦ界のそうそうたる顔ぶれだが、いずれも売り出す前の話、同人誌『宇宙塵』のメンバーだった頃で、矢野徹が仲介の労をとったものである。

番組提案会議でも誰一人として知る者はなかったが、わたしが、やがて来るＳＦ全盛時代をリードする有望新人だといって企画を通した。

ホラでなく、わたしのいった通りになったが、正直いって、わたし自身、ＳＦがこんなにもブームをまき起こすとは思わなかった。

ただ、わたしが松江に来る前、広島で矢野徹の作品を「ラジオ劇場」や「子供の時間」で放送したという実績が提案会議のメンバーを納得させたことは事実だった。

八月二七日の「ラジオ劇場」は推理ドラマ「追われる者」、鬼怒川浩の作である。

「地球よ永遠なれ」など、わたしと最も親しかった鬼怒川浩は、広島局からの依頼が少なくなり、やがて松江局に舞台を移すことになるが、これが松江局での第一作である。

結婚して五年、ようやく子宝に恵まれようとする男が、ささいなことでヤクザの争いにまき込まれ、ヤクザを殺してしまったと思い込んで身重の妻を連れて山陰地方を逃げ廻るという設定であった。

松江のローカルでスリラーなどあまりやったことがなかったので、一体どうなったのだ、ドラマは大人向けも子供向けも推理物ばっかりだという投書もあったが、反面、わたしはその頃、まだ大きな社会問題となっていた犬神つき（狐つき）の迷信打破のキャンペーンドラマ「犬神のすむ村」（月曜日、午後一〇時三〇分から五〇分まで）をメロドラマ仕立てにして、十二月まで四ヶ月の連続物として大評判を得ていた。

瀬田美樹男の作で、ローカルドラマには珍らしくオリジナルの主題歌を作り、「君の名は」ばりの演出をした。島根大学教育部の音楽課程の先生、小林昭三に作曲を依頼し、詩はわたしが作った。主題歌の作詞は、「地球よ永遠なれ」で経験済みだったが、この「犬神の村テーマ」は思わぬ評判となり、後年、歌謡曲の作詞を手がけるようになる、わたしにとって処女作といってもいい作品となった。「地球よ永遠なれ」の主題歌の歌詞は残念ながら残っていない。

推理ドラマばっかりじゃない、キャンペーンドラマも、シリアスなドラマもやっているとポーズをとっても、本音はやはり推理ドラマで勝負する、それがラジオドラマ演出者としてわたし自身を際立たせることになると信じていた。

◉——矢野徹・星新一に会う

矢野徹は、広島にいるわたしのような若僧のディレクターにまでSFを売り込んできたように、『宇宙塵』の同人作家のマネージャー格でマスコミにSFを大いにPRしていた。

昭和三三年の秋だったと思う。

NHKの東京で文芸番組担当者の研修があり、わたしは自分の演出した「犬神のすむ村」の一本を持って参加した。

その時、はじめて、わたしは矢野徹に会った。矢野徹は中央大学の法学部卒業でわたしの先輩に当る。

矢野徹は星新一を紹介してくれ、三人で新宿あたりの小料理屋で酒を飲んだ。

話上手の矢野に対し、星新一は余り喋らず、笑うとたちまち童顔となる柔和な人物に見えた。

星新一は風呂敷包みを持っており、何か矢野と話合っていた。書き直しがどうだといった話だったが、矢野はわたしに、今、新潮社の「少国民の科学」シリーズを手がけており、星新一が生命の不思議について一巻書いているところだと説明した。そして矢野徹がくれたのは自著の『雷からテレビまで』でシリーズの四巻目だという。

ひとりの友人が敬愛をこめて
上野友夫君に　　矢野徹

とサインがしてあった。

SFを広め、SF作家を世に認めさせるためにはどんなものでも書く、矢野は熱っぽく語り、わたしは感銘を受けた。

その時、星新一が持っていた原稿は間もなく本になった。『生命のふしぎ』という堅い内容の本だが、さすがにSF作家で、随所に、空飛ぶ円盤は地球外の生命体が操縦しているのではないかなど、SF小説の紹介などをまじえた楽しい読物になっていた。

星新一は東大農学部農芸化学科を出て、同大学院で微生物を専攻した学者だから、「少国民の科学」シリーズにはうってつけの作者だったかも知れない。

星新一と同じように『宇宙塵』の同人の中では、柴野拓美も東京工業大学機械科の卒業、光瀬龍も東京教育大学理学部動物学科の卒業と科学に強い人がいる。

この年、昭和三三年の夏には、お盆特集としてバラエティ「十万億土」を演出した。

地元松江の放送作家、渡辺渡の構成、小林昭三の音楽。渡辺渡は戦前、ムーランルージュで書いていたことがあるベテランである。

音楽の小林昭三は、島根大学の音楽教師として赴任したばかりの新進の作曲家だったが、松江のようなローカル局でドラマの伴奏に作曲を委嘱することなどめったにないことだという。東京の本部から配布される「ブリッジ音楽」のレコードを使うのが普通だったが、わたしは、せっかく地元の大学に音楽コースがあり、教員も学生もいるのだから、オリジナルの作曲を頼み、学生達のオーケストラで演奏した音楽を劇伴に使った方がいいと思ったのである。

「十万億土」はバラエティといっても中味はSFドラマ仕立てで、お盆になるので松江放送局はアナウンサーを西方浄土に派遣し、島根にゆかりのある人々の話を聞くという趣向、登場人物は、須佐男之尊《すさのおのみこと》、八岐《やまたの》オロチ、出雲阿国《いずものおくに》、坂崎出羽守、島村抱月、若杉礼二郎などである。

西方浄土へ飛び立つタイムマシンの音など、そこは「地球よ永遠なれ」で鍛《きた》えた技を効果マンに伝授、効果音、音楽、演技がマッチして毛色の変ったお盆特集番組となった。

昭和三四年（一九五九）は年頭から松江の電波は身ぶるいした。

月曜日の午後一〇・三〇から二〇分間の放送劇はスリラードラマ特集である。

鬼怒川浩の作で、

一二日「バックミラーの顔」

一九日「古い傷跡」

二六日「霧の彼方に」

そして二月も引続き鬼怒川浩の作だが、こちらは時代スリラーで「無宿雪崩」、牢破りのならず者四人が逃亡の途中でまき起こす事件と、それを追う役人との争いをスリリングに描いたものである。

三月には七日の土曜日、午後〇・三〇から渡辺渡作の「探偵局」をやったという記録があるが、記憶に薄い。土曜日のお昼の時間だから、恐らくユーモア探偵物だったのだろう。

◉——夜のプリズム

昭和三四年（一九五九）の四月二六日、日曜日の午後二・〇〇〜三・〇〇までの「TK演芸ホール」の出し物をまず見ていただこう。TKというのは松江放送局のJOTKというコールサインの略である。

第一部　ミュージカル「稲田姫」（作・河野《こうの》典生《てんせい》）

第二部　ＳＦドラマ「くらげ」（作・矢野徹）
第三部　少年講談「尼子十勇士第一回」（作・山形三郎）

推理小説ファンで河野典生の名前を知らないものはないだろうが、三四年のこの頃はまったくの無名である。

河野典生は明治大学の仏文科に在学中から放送劇の脚本を書いていた。父親が共同通信の支局長をしており、その縁で、わたしは河野典生の脚本を引受けた。細面の文学青年タイプだったと記憶する。

「稲田姫」は出雲神話の稲田姫を主人公にしたミュージカルドラマで、セリフが詩のように美しかった。

この年、日本テレビは「夜のプリズム」の原作を『宝石』と共同で懸賞募集した。

この懸賞に応募した河野典生の「ゴウイング・マイ・ウエイ」は佳作一席となり、『宝石』の一二月号に掲載されたが、テレビ化はされなかった。

この「ゴウイング・マイ・ウエイ」が河野典生のデビューだから、四月、放送した「稲田姫」はそれ以前の作品である。

日本テレビの「夜のプリズム」という番組はこの年、三四年の一月にスタートした単発、読切りのスタジオ制作の推理ドラマで、第一回は菊村到《いたる》の「悪魔の小さな土地」。出演は内藤武敏、野上千鶴子などであった。

日本テレビの推理物としては、この「夜のプリズム」より前、昭和三二年（一九五七）九月にスタートした「ダイヤル一一〇番」がある。

「このドラマは事実に基づいて構成され、資料はすべて警視庁、警察庁、全国警察から寄せられたものです」というナレーションではじまる三〇分ドラマだった。

スタジオとフィルムを半々に使って製作され、第一回は村山俊郎脚本の「愛の血清」であった。

この番組は警察関係者のおぼえ目出たく、三三年六月には警察庁長官の感謝状がスポンサーの三菱重工におくられ、三六年五月には警察庁長官賞を受けている。

この「ダイヤル一一〇番」が、冒頭のナレーションが示すように事実に基づいたドキュメンタリータッチなのに較べ、「夜のプリズム」は作り物、推理小説の楽しさを狙ったものである。

「夜のプリズム」がスタートした昭和三四年、日本テレビでは前年、三三年にスタートした「怪人二十面相」(原作・江戸川乱歩、脚色・若杉光夫、出演・原田甲子郎、佐伯徹、伊藤周子他)が連続放送中であり、時代物の「怪傑黒頭巾」(原作・高垣眸《ひとみ》、出演・若柳敏三郎、松浦浪路、市川恵美他)も放送継続中だった。

又、ラジオ東京テレビ(TBS)では「裁判」「この謎は私が解く」そして「日真名氏飛び出す」も好評、連続中であり、NET(テレビ朝日)では「ミステリー劇場」、フジテレビでは「刑事」とミステリー物がめじろ押しといった状態である。

当時の雑誌『放送ドラマ』の昭和三五年一月号には、三四年四月からの各テレビ局の放送記録が掲載されているが、それによると、「夜のプリズム」の四月一日は土英雄作の「脚」(出演・高橋昌也、小林トシ子他)で、その後は、角田喜久雄「怪奇を抱く壁」、多岐川恭「ある脅迫」、松本清張「真贋の森」などと続き、六月一七日には本多良の作品「狙われた女」が放送されたとある。

「狙われた女」は、わたしが川野京輔の筆名で昭和三三年の『別冊宝石——新人二十五人集』に書いた推理小説である。

広島を舞台にテレビプロデューサーと放送記者が殺人事件を解決するという話だが、ヒロインが原爆症だというところが日本テレビの担当者の目にとまったのかも知れない。

五月の下旬、日本テレビから電報が入り、原作の使用を承諾してくれという。

これには弱った。

この頃、ようやく山陰地方にも民放のテレビ局が開局し、高いアンテナで隣りの県の電波を受けて、何とかテレビが見られるようにはなっていた。しかしそのテレビ局は日本テレビ（関西は読売テレビ）のネット局ではなかったので「夜のプリズム」を見ることは出来ない。黙っていれば誰も分からないだろうが、東京や広島には、わたしが川野京輔であることを知っている人は多い。

NHKテレビの「事件記者」のライバルともいえる日本テレビに原作を提供するというのは如何なものか、思い余って放送部長に相談した。

『宝石』に書いた小説を原作として使わしてくれというのであれば問題はない、しかも筆名なのだからOKを出してやれ、それが諸岡弘放送部長の答えだった。

上司の許可は得たが、自分としては遠慮もあり、川野京輔ではなく別の筆名でならOKだと日本テレビに申入れ、局側も了承して、本多良の筆名で放送することになったのである。そして目出たくオンエアされたわけだが、原作者としては見ることは出来なかった。

当時の雑誌『放送ドラマ』の記録欄によれば、作・本多良、脚色・小森静男、出演・高友子《こうともこ》、宍戸錠、内田稔、となっている。

高友子は日活の女優で、わたしの好きなタイプだったので、見られなかったのが余計残念であった。

宍戸錠は、まだ頬をふくらませる前の二枚目の時代、後年、酒を飲みながらの話で、この「狙われた女」のことをいうと、よく覚えていた。喰えない大部屋の時代、テレビのアルバイトはありがたかったとのことだった。

宍戸錠は昭和四〇年（一九六五）、渡哲也がデビューする日活映画「あばれ騎士道」でも主演しているが、この映画の原作もまた、わたしが『読切倶楽部』に載せたアクションミステリーであった。

内田稔は今や劇団「昴《すばる》」の幹部俳優で、わたしのラジオドラマにも出演してもらったことがあるが、「狙われた女」では恐らく敵役だったと思われる。

◉——巨大くらげ出現

「ＴＫ演芸ホール」、毎月、最終日曜日の午後二・〇〇から三・〇〇までのローカル放送局にとってはワイド番組である。ドラマ二本と連続講談「尼子十勇士」という組合せだった。

昭和三四年（一九五九）四月二六日の「ＴＫ演芸ホール」は、河野典生の「稲田姫」に続いて矢野徹の「くらげ」を放送したが、一寸した騒ぎとなった。

松江の町は目の前に宍道湖が満々たる水をたたえている。

そして点々と浮かぶ名物のシジミとりの小舟、この地方では訛《なま》ってスズメという。松江に着任してすぐ、朝になると「雀」を売りに来るのでびっくりしたが、これはシジミのことであった。

この宍道湖に、放射能を浴びて巨大化したおばけクラゲが出現、松江の町に向って泳いでくる。出動した自衛隊の砲火など物ともせず、巨大くらげは奇怪な電子音楽ばりの音を響かせ、波をけたてて迫ってくる。

この様子をアナウンサーが実況放送する。

アナウンサー　こちら袖師ヶ浦の藤原アナウンサーです。大きな流れ星が見えています、あっ急に消えました。水の中の青白い光のちょうど上のあたりです。

SE　ヘリコプター近づいて着陸する

アナウンサー　ヘリコプターが着陸しました、あっ、ラジオをお聞きの皆さん、青白い光が次第に波打際に近づいてきます。

SE　湖水のざわめく音
　人々の騒ぎ

怪物の音　次第に大きくなる

ラジオ　大社《たいしゃ》からの情報をお伝えします。大社町《たいしゃまち》西北約六〇キロの海岸にも巨大なクラゲが現れたそうです。ただ今、ＮＨＫのアナウンサーが現場に急行しています。藤原アナウンサー続けてください。

アナウンサー　透明な小山のような生き物が水の中から現れました。サーチライトが照らしています、あっ今、砂浜に上ってきます。高さ三メートルもありましょうか、山本先生（水産学者）これはクラゲでしょうか。

山本　クラゲとは思われません、だが恰好はどう見てもクラゲですが竜神さん（玉造温泉に静養に来ていた宇宙航空士官学校の宇宙専門家）どうでしょう。

竜神　宇宙から来た怪物のような気がしますが。

山本　そんな馬鹿な。

アナウンサー　あっ、皆さん、不気味なおばけクラゲはただ今、上陸しました。

SE　集中砲火

こうして見ると、オーソン・ウェルズの「火星人侵入」のラジオドラマのイミテーションであることがお分かりになるだろう。

勿論、わたしも矢野徹も充分、意識して作ったのだが、放送がはじまるとすぐに電話があった。息子がジイさまと一緒に宍道湖にスズメをとりに出ている、大丈夫だろうか——そして後で聞いたところによると、放送の最中、湖の上は、にわかにかき曇り、べとつくような生ぬるい風が沖から吹いてきたという。さらに、上陸地点と思われる島根青年会館のあたりには、いつとはなしに人が集まり、不安気に沖を見渡していたという。

オーソン・ウェルズほどではなかったが、宍道湖畔では少々波が騒いだのだった。

わたし達スタッフは放送終了後、巨大クラゲならぬ、クラゲのうにあえで、祝盃を上げた。

「TK演芸ホール」の「尼子十勇士」を書いている山形三郎は、中国新聞社が発行している『中国小学生新聞』の編集長をしていたが、時代物が得意の作家で、広島局でも連続ドラマの原作をよく書いていた。

その縁で、わたしは『中国小学生新聞』に二つの連載小説を書いている。昭和三四年にはSF冒険小説「野獣男爵」、翌三五年には少女小説「四つ葉のクローバー」を連載した。

「TK演芸ホール」では、九月には犬神つきの迷信をテーマにした推理ドラマ「犬神のすむ村——霧の里にて」(福島和夫、郡山政宏共作)を放送した。

前年、連続ドラマでも扱った迷信打破がテーマだが、今度のは純然たる推理仕立て、犬神筋だと知らされていない女性に起こる不思議な事件はすべて迷信によるものだったという話である。

一〇月は湖上に浮かんだボートの上で男女二人の秘密と殺意を描いた「湖の女」(柊三郎作)、一一月には、鬼怒川浩作の「あくび探偵捕物帖」。鬼怒川浩には、こうしたユーモアのセンスもあり、本人も気楽に、落語、漫才ばりのユーモア探偵ドラマを書いていた。

◉――そこに大豆が生えていた

昭和三四年（一九五九）暮れもおしつまった二七日の「ＴＫ演芸ホール」では、犯罪ドキュメンタリードラマ「そこに大豆が生えていた」を放送した。

島根県出雲市に起きた殺人事件の発生から解決までを描いたものだが、死体を隠すトリックが推理小説ファンをうならせるものがあったので、わたしもはりきって、作者の渡辺渡とともに記録を調べたり取材したりした。

農協に勤めている犯人は、高利貸しから金を借りたが、返済に困って高利貸しを殺害した。犯人は犯行の時間をずらすために、こわ色を使って高利貸しの家に電話をしたり、出前をとって、聞こえよがしに、高利貸しと二人で喋っているように芝居をしたりした。

捜査に当った巡査部長は、周囲の情報から犯人に間違いないと追いつめるが、肝心の死体がどこにもない。

巡査部長の張り込みが続く。

同時にしばしば犯人宅を訪ねて、心理的に犯人を追い込んで行くと、遂に犯人はある夜、高利貸しが乗ってきた自転車の解体した部品を宍道湖に捨てに来た。

そこで逮捕したのだが、依然として死体は見つからない。

しかし、ついに巡査部長のねばり勝ちで、犯人は死体のありかを白状した。

なんと死体は犯人の家の茶畠の隅に埋められていたのだ。このあたり何度も調べたのだが、大豆が生え茂っていたので見のがしていたのだ。

犯人は死体を土中に埋めると、その上に大豆の種をまいておいたのである。大豆は成長が早い。間もなく一面に大豆が生えたので、捜査官達も、まさか大豆の畠の下に死体が埋められているとは思っても見なかったのである。

この殺人事件はこうして解決したのだが、死体を隠すトリックは、江戸川乱歩の「類別トリック集成」の死体の隠し方トリックの例にも見当らないもので、わたしは、そこに重点をおいてドラマを作った。

山陰の片隅で起きた殺人事件で、専門家がうなるようなトリックを実際に使った犯人がいたのである。

わたしは一度放送すれば消えてしまうラジオドラマだけにしておくのがもったいなくて、この事件を小説に直し、渡辺渡との共作で、その後、昭和三六年（一九六一）の『探偵実話』七月号に発表した。

昭和三四年の七月、毎週木曜日の連続ドラマ（午後一〇・一〇から一〇・三五まで）は「新形式による怪談シリーズ」と銘打ってSFドラマを四本制作した。夏は怪談話というわけで、それなら新しい怪談SFで行こうというのだ。

七月　二日「白い牙」　　作・今日泊亜蘭《きょうどまりあらん》
七月　九日「太鼓」　　作・星新一

七月二三日「氷人来る」　作・矢野徹
七月三〇日「猫」　　　作・矢野徹

というラインナップだ。

今日泊亜蘭は戦後、推理・SF小説の翻訳からスタートし、昭和三二年、SF愛好者グループ「オメガクラブ」を結成、三三年、『宇宙塵』の同人となり、同誌に連載した「刈り得ざる種」が三七年、東都書房のミステリーシリーズに『光の塔』と改題されて出版、SF作家としての地位を築いた。

星新一、矢野徹については松江ではもうおなじみ、中央より早く文名とどろいていたといっていいだろう。

「白い牙」は人狼の話、「太鼓」は古い太鼓を買った男が、太鼓から飛び出した鬼に追いかけまわされるといった話、「氷人来る」は突然地球に氷河期がやって来たらどうするという話、「猫」は、やくざに殺された男の飼っていた猫がやくざに復讐するという話であった。

九月の連続ドラマは渡辺渡の「白銀呪縛」、しろがねしばりと読ませる。石見銀山をめぐる愛憎のミステリー時代ドラマである。

一二月は、単発ドラマにしたが、二四日はまたもやミステリードラマ「急行バスの客」（郡山政宏作）の登場である。

山陽と山陰を結ぶ急行バスの乗客にまぎれ込んだ殺人犯がまき起こすパニック、よくある話だが、広島、松江を結ぶ急行バスという実在のバスと、実際の地名がふんだんに出るところから迫力はなかなかのものだった。

この年、三四年にわたしが発表した推理小説の中で『傑作倶楽部』三月号の「犬神部落の幽鬼」は、犬神つきを調査に来た大学助教授と美しい女性の助手がまき込まれる怪奇な事件の連続、その背景には犬神の迷信があったというもので、「犬神のすむ村」など一連の犬神をテーマにした番組のために、わたし自身、犬神・狐つきについてはかなり調査研究していた。

その後も何篇か犬神・狐つきを素材にしたものを書いたが、東京にいると、そういった迷信がなお根強く地方には残っているという認識も次第に風化していくような気がする。

◉——推理SFドラマの評価は

昭和三四年(一九五九)の三月にはNET(テレビ朝日)とフジテレビが開局し、いよいよ本格的なテレビ時代がやって来たといっていいだろう。

フジテレビは、弁護士、法廷物の傑作「ペリーメースン物語」をスタートさせた。

四月、皇太子の成婚、その実況中継を見るためにテレビの受像器は飛ぶように売れた。

NHKの松江テレビはまだ開局せず、わたしも隣りの県の民放の電波を受けるべく高いアンテナを立ててテレビを購入、成婚式の当日、隣り近所の人々が集り、受像器の前でかしこまって、チラチラ雪が舞っているような、けっして良質とはいえない画像に見入っていたのを思い出す。

昭和三五年(一九六〇)の正月は二日の土曜日の夕方、矢野徹のミュージカル「お春坊」で幕明けとなった。

お正月特集とあるから民話風のお話で、いわゆるSF物ではなかったが、松江局では矢野徹はすでに有名作家となっていたので、トップバッターとしての登場となったのである。

そして夜の連続ドラマは、一月が鬼怒川浩のユーモア探偵物「びっくり探偵」、二月が福島和夫作「雪山の対決」、三月が古曽志《こそし》よしひろ作「たたら地獄」、四月が山形三郎作「五本松忍法」、そして五月には再び鬼怒川浩の「事件の眼」、六月には渡辺渡「夜盗変化」と、いずれもサスペンス・スリラー物で埋めている。

日曜日の「TK演芸ホール」の三月二七日は「奇妙なドラマ」で、酒井義男作「百分の一秒にすむ男」、矢野徹作「ゴメスの脚」の二本立てで、これをもって、わたしの松江SF放送は終りを告げることになる。

七月、東京のラジオ文芸部に転勤になるのだが、三三年の六月から二年間、よくも推理・SFのドラマを作り続けたものだとわれながら感心する。

首脳部――といってもローカル局だから局長と放送部長だが、内心では、わたしの推理SFドラマをどう思っていたのだろう。

昭和三四年四月、『朝日新聞』(中国地方版)「タレント群像」は松江放送劇団を次のように紹介している。

「NHK松江放送劇団は二五年の夏スタートした。応募者約三百人から第一期生十五人が選ばれ翌年にはその半数が本業と両立しないために脱落、昨年から期制を廃止して再試験で編成を変えたから現在のタレント男八人女九人は全部同期といってもよい。（中略）劇団が担当するローカルプロは土曜日の〝子供ラジオ劇場〟月曜日の連続もの（二〇分）水曜の〝ラジオ劇場〟（三〇分）とかなり多い。諸岡弘放送部長の理解あるあつかいによるそうだが、諸岡部長は『どうもスリラーものなんかに熱をあげすぎるようで……私としてはローカルな社会性を含んだものを望んでいるのです』という。山陰に根深くはびこるキツネつきを取上げた時は聴取者からたいへん好評だったが、スリラーものでは苦情の投書もあるという。団員達は、出雲のズーズー弁はどうもドラマには不向きと割切っているから方言ドラマの全国中継でアッといわせようという野心もない……（後略）」

朝日の記者が取材に来た時、わたしは丁度、研修で東京に行っていて留守であった。

文中の昨年の劇団員の再試験というのは、わたしが赴任早々、わたしなりの劇団員を育てたいという考えから行ったものである。

放送部長も、わたしがそばにいれば、はっきりいわなかったかも知れないが、スリラーに熱をあげ過ぎるというのは劇団員ではなくわたしのことだし、聴取者から苦情の投書もあるというのは、嘘ではないが、反対に、おほめの投書も多いのだから少々一方的な発言に思えた。

わたしは研修から帰ってこの記事を読んで大いに立腹した。

早速、劇団員を集めてお説教をした。

放送部長の発言はともかく、劇団員のいっていることのなんという覇気のなさ、出雲のズーズー弁がドラマに不向きとは何事か、地方劇団の存在価値は地方弁を喋ることにある、松江のドラマを全国中継しても恥かしくないようにお互い、頑張っているのではないか、そのために、わたしは昨年、劇団を再編成して諸君に劇団員になってもらった。新聞で紹介してくれるという絶好の機会になんという消極的な態度だ。

誰がなんといおうと、これから推理SFドラマはブームになる。諸君が演じたドラマの作者達の中には今は無名だが、やがて斯界のリーダーとなる作家がいるのだ。後になって彼等の無名時代、この松江の放送局で、おれ達が、彼等の脚本で演技をしたのだと誇りに思うに違いない。

推理SFドラマは松江から──わたしは絶叫したのだった。

◉──さらばドラマよ

前述の同じ『朝日新聞』は昭和三五年（一九六〇）になると、再び「素顔の声優たち」という欄で松江放送劇団を取上げている。「得意はコメディや空想科学など」という見出しではじまる、その内容は次の通り。

「団員は研究生をふくみ男女一〇名ずつ。音響効果の三人を入れて合計二十三名のメンバー。平均年齢二十一歳の若さ。上野友夫プロデューサーのもとで一昨年、再編成された。リーダー格の岡本登さんが三十六歳で最年長、本職は労基署のお役人、またマネージャーを兼ねている郡山政宏さん（二五）は天理教の教師だが広い顔をいかして知名の楽団、バレエなどの招致、共演とマネージャーの方でも相当な腕前、効果の山本弘夫さん（二八）は新聞にもさしえの筆をとっている画家、福島和夫さん（三〇）は山陰文学の主宰者と多彩。（中略）この劇団の得意は『ユーモア夫婦』などのコメディ、『くらげ』などの空想科学スリラーもの。（中略、『くらげ』放送時のエピソードが紹介されて）『これも効果係の三人の腕がよいからでもありますよ』と団員は得意そう」

昨年の書きっぷりとは何という違いだろう。

いずれにしてもこの松江放送劇団の諸君がわたしの推理ＳＦをはじめ、すべてのラジオドラマを支えてくれたのである。

名前の出ている郡山政宏は、わたしが本を書くことをすすめ、俳優と脚本の二足のわらじをはくことになり、後にＮＨＫの脚本研究会（東京）に参加して本格的な放送作家となり、現在は松江に帰って山陰中央テレビで後進の指導に当っている。

効果マンの山本弘夫は、わたしが『中国小学生新聞』に連載した「野獣男爵」のさし絵を書いてくれ、その後、『島根新聞』にわたしが書いた二本の連載小説にも、さし絵をつけている。

同じ効果マンの福島和夫にも多くの脚本を書いてもらった。

このように放送劇団員は若いながら松江の文化をリードする有能な人々の集団であり、若いわたしを強力にバックアップしてくれたのである。

昭和三五年六月二〇日付の辞令で、わたしは東京の芸能局ラジオ文芸部勤務となった。

前任地の広島廻りで東京着、ラジオ文芸部に顔を出すと、クイズ班で「三つの歌」を担当しろとのことだった。

「三つの歌」は当時、三〇パーセント前後の聴取率を誇る人気番組で、大阪制作の花菱アチャコの「お父さんはお人好し」と全国第一位を競い合っていた。出場の素人に歌を歌わせるので音楽部の番組と思われがちだが、歌の巧さを云々するのではなく、歌を当てさせるクイズということで、文芸部の担当であった。

田舎の局から青雲の志を抱き、推理SFドラマで全国区に打って出ようと意気揚々とやって来たわたしは、曰く言い難い複雑な心境となったのである。

司会の宮田輝アナウンサー、ピアノの天池真佐雄の名と共に、全国あまねく知れ渡った人気番組「三つの歌」の担当プロデューサーになるというので、大変な出世をしたと無邪気に喜んでくれる人が多かった。

かくてわたしがドラマ班に移るのは、二年後の昭和三七年（一九六二）の三月となる。

●――私だけが知っている

昭和三五年（一九六〇）から三七年（一九六二）にかけて、わたしはドラマの演出をはなれて「三つの歌」、そして三六年からは「即興劇場」が加わってクイズ番組二本を担当した。

「即興劇場」は出場者に芝居をさせながら、自分が何を演じているかを当てさせるクイズで、ドラマに近い形式をとっていた。

プロの声優が出場者のあてずっぽな芝居に合わせながら、次第次第に、出場者に自分がやっている役（人間あるいは動植物、たまには無機物）を当てさせていく、かなり高度な推理（?）推察力が要求されるものなので、もとになる台本を作るのが一苦労だった。

この「即興劇場」の台本をせっせと書いていたのが、今や演芸ライターの大御所におさまっている神津《こうづ》友好《ともよし》である。

わたしが東京に来た頃、NHKの放送会館は内幸町《うちさいわいちょう》にあった。ラジオ・テレビの文芸部は一つの大きな部屋の中に同居し、真中から左がラジオ、右がテレビに分かれていた。

そのテレビ文芸部は、昭和三五年の四月から新しく「灰色のシリーズ」の制作をはじめていた。水曜日の午後八・〇〇から三〇分間、前後篇で一話完結のフィルムドラマである。ラジオの「灰色の部屋」を意識したネーミングでも分かるようにミステリー番組で、演出には、特別に契約した映画監督、若杉光夫、斎村和彦らが当った。

第一回は四月六日、有馬頼義《よりちか》原作、山崎昌也脚本の「少女の眼」前篇、出演は坂本武、北村和夫、岡田早苗その他、演出は若杉光夫であった。

「少女の眼」後篇は四月一三日、そして第二回は松本清張原作、西島大脚本の「投影」、出演は佐竹明夫、吉行和子、早野《はやの》寿郎《としろう》、演出は宮川《みやがわ》孝至《たかし》であった。

このシリーズでとりあげた主な作者と作品名は、多岐川恭「目撃者」、樹下《きのした》太郎「お墓に青い花を」、鮎川哲也「急行出雲」、島田一男「決定的瞬間」、佐野洋「金属音病患者」、土屋隆夫「二人だけのクリスマス」、笹沢左保「雨あがり」、角田喜久雄「私は誰だ」、飛鳥高「古傷」などであった。

昭和三二年にスタートした犯人当てクイズドラマ「私だけが知っている」も、継続放送中だったが、当初のXクラブ作というのをやめてこの頃は作者名を出すようになっていた。

富久進次郎の演出で、ブレーンとして渡辺剣次がアイデアを出し、自らも脚本を書いていた。

渡辺剣次は推理小説の評論家として知られていたが、NHK報道局の職員である。この時、渡辺剣次が面倒を見ていた若い女性ライターが夏樹静子である。夏樹静子は慶応大学在学中か、卒業して間もない頃だったろう。

「私だけが知っている」にこの頃書いていた推理作家は、藤村正太、土屋隆夫、山村正夫、鮎川哲也、笹沢左保などであったが、このそうそうたるメンバーにまじって夏樹静子は三五年度（三五年四月〜三六年三月）に、「夜のカーテン」「ホテルの客」「怪しい男」「命の恩人」と四本の脚本をこなしている。

夏樹静子はその後、昭和四八年（一九七三）に、「蒸発」で第二六回の日本推理作家協会賞を受賞したが、ミステリーのスタートは、この「私だけが知っている」のライターとしてであった。

渡辺剣次は江戸川乱歩とは古い知合いで、その縁で、乱歩の長篇「十字路」の影武者をつとめた。

これは昭和三〇年（一九五五）一〇月からはじまった講談社の『書下し長篇探偵小説全集』の江戸川乱歩篇におさめられたものだが、乱歩は『探偵小説四十年』でこういっている。

「今度の講談社の書下しも、本来なら断るべきであったが、私が書かなければ他の作家も書かなくなるということで、誰かに手伝ってもらう条件で引受けたのである。そこでその手伝い役には渡辺剣次君を選んで、プロットの立案を助けてもらうことにした。二人でたびたび会って筋の相談をしたが、セントラル・アイディヤは渡辺君の創意によるもので部分の多くも渡辺君がよい知恵を貸してくれた……」

この「十字路」は翌三一年の三月、大映で映画化された。製作・柳川武夫、監督・井上梅次、主演・三国連太郎、新珠三千代で、脚本は渡辺剣次が担当した。

渡辺剣次はその後、NHKで会長直属の要職につき停年を迎えたが、NHKを去る時、「やっと自由になれたので、これからはバリバリ書く」とわたしにいったが、ほどなく病死した。御冥福をお祈りする。

●――ハードボイルド特集

昭和三五年（一九六〇）二月、NHKラジオは「海外推理小説傑作ドラマ特集」を編成した。

二月二二日（月）「魔の森の家」原作・カーター・ディクソン、脚色・田辺まもる、出演・三津田健、岸田今日子

二月二四日（水）「証拠のかわりに」原作・レックス・スタウト、脚色・石山透、出演・小沢栄太郎、フランキー堺

二月二五日（木）「探偵作家は天国へ行ける」原作・C・B・ギルフォード、脚色・藤田敏雄、出演・北村和夫、桑山正一

二月二六日（金）「鉄の門」原作・M・ミラー、脚色・西沢実、出演・宮口精二、文野《ふみの》朋子
放送時間は午後九・〇〇から一〇・〇〇まで、第二放送である。
この推理ドラマの演出は「魔の森の家」が弘中貞次、「証拠のかわりに」が遠藤利男、「探偵作家は天国へ行ける」が山本一次、「鉄の門」が杉山勲と、当時、ラジオ文芸部の若手演出家が担当している。
弘中、遠藤はわたしと同期入局、山本は一年先輩である。若手らしいキビキビした演出で聞きごたえあるドラマであった。早く、わたしもこれらの仲間と思う存分、推理ドラマを演出したい、そう思うと胸が熱くなるのだった。
この推理ドラマ特集が好評だったせいもあり、その後、毎年のように推理ドラマの特集を編成することになるが、翌昭和三六年の八月には「ハードボイルド特集」として、四本制作している。
八月二一日（月）「長いお別れ」原作・レイモンド・チャンドラー、脚色・西沢実、出演・森雅之、荒木道子、演出・後藤義郎
八月二二日（火）「人の死に行く道」原作・J・R・マクドナルド、脚色・石山透、出演・北村和夫、黒柳徹子、演出・大西信行
八月二四日（木）「金髪女は若死する」原作・ビル・ピータース、脚色・横光晃、出演・中谷一郎、奈良岡朋子、演出・小川淳一
八月二五日（金）「死体置場は花ざかり」原作・カーター・ブラウン、脚色・石川年、出演・永井智雄、岸田今日子、演出・松平康

時間は午後九・〇〇から一〇・〇〇までの第二放送で、今回もまた、中堅・若手演出家の担当であった。

若手の勉強にもなるから思い切りやらしてやろう、という幹部の考えからだろう、しかも第二放送だから少々の冒険があってもいいという配慮もあったのだろう。

演出の小川淳一はわたしと同期の桜、大西信行は今やベテランの劇作家になったが、これはNHKの職員だった頃の演出である。

この頃、民放でも推理物は花盛り、ラジオ東京のラジオドキュメンタリー「目撃者の記録」が注目された。

第一回は五〇年間、無罪を主張し続けた吉田石松老の「おれは無罪だ」で、その他では麻薬事件発生から犯人逮捕までを追跡した「横浜Kルート」などが評判を呼んだ。

ラジオ東京のテレビでは、三五年の暮れから「刑事物語」がスタートしている。木曜日の午後八時からの三〇分番組で、NHKの「事件記者」を意識してこちらは刑事の活躍を表に出している。

出演者は堀雄二、芦田伸介、佐藤英夫、美川洋一郎、天田俊明――とならべてみると、オヤッと思うだろう。その通り、これは「事件記者」と並ぶ刑事物の傑作シリーズといわれる「七人の刑事」のメンバーと同じなのである。

「刑事物語」はつまり「七人の刑事」の前身、「刑事物語」の三〇分を一時間に強化したものが「七人の刑事」だったのである。

◉——七人の刑事

昭和三五年、六年とわたしは同じラジオ文芸部のドラマ班の仲間達の活躍を横目で見ながら、推理小説を書いていた。

三五年の六月から前任地の松江にある地元新聞『島根新聞』(現『山陰中央新報』)に半年にわたって推理小説「猿神の呪い」を連載した。

中国山脈の奥地を舞台に奇怪な大猿を信仰する一家に起こる連続殺人事件といえば、横溝正史の世界である。主人公をラジオプロデューサーにしたところが目新しく、実在する地名が出るので、それなりに読者に歓迎されたらしい。

三六年には『探偵実話』の「銀貨と拳銃」「御機嫌な夜」(前後篇)、『小説の泉』の「猫男の復讐」「死体置場と拳銃」「飾り窓の死美人」など題名を見ても分かるように、怪奇・ハードボイルド物が目立っている。

昭和三六年五月一日、NHKラジオは松本清張の「黒い樹海」を横光晃の脚色、北沢彪《ひょう》、友部光子の主演で一〇〇分ドラマとして制作した。

一時間四〇分、耳だけでストーリーを追うのは、それが推理物だけにかなりの苦痛を強いられるが、推理小説のファンにとっては、音楽・効果音に助けられて長時間、たんのうした筈である。演出はベテランの田甫《たんぽ》一郎であった。

三六年五月には、フジテレビの「検事」がスタート、そして一〇月には「七人の刑事」とNET（テレビ朝日）の「特別機動捜査隊」がスタートするのである。

「七人の刑事」の前身「刑事物語」は三五年一二月から三六年の九月までの十ヶ月間放送され「七人の刑事」として新しく生まれ変った。

放送時間の枠が拡がって一時間となり、出演者も「刑事物語」の五人に二人加わって七人のレギュラーとなった。新しく加わった刑事は菅原謙次と城所《きどころ》英夫である。

七人の刑事の中で、抜きん出た存在は芦田伸介扮する沢田部長刑事、デカ長である。ボタンをはずした、煮しめたようなレインコートにハンチング、交通事故で手術した傷跡が渋みと深みを加える面魂《つらだましい》、テレビの刑事物が生んだ第一級のキャラクターである。ぼそぼそと押しつぶしたような声がまた魅力的なのだ。

芦田伸介は松江の生まれ、風土のせいか出雲人は口が重く、大口を開けて笑うことはない。出雲なまりのズーズー弁を嫌ってのことかも知れないが、その無口のところが、一層デカ長を頼りがいのある男にしているのだ。

ライバルのNHK「事件記者」のベランメエ調のブンヤ言葉とは対照的であった。

「七人の刑事」は昭和四四年まで、多少の変更を加えながらもロングランを続けた。

桜田門かいわいの遠景から旧警視庁の建物がアップになるオープニングシーンには、デチネが歌う低音のハミングがダブリ、タイトルが現れる。ワクワクするような「七人の刑事」の冒頭シーンを今でも覚えている人は多いだろう。

この「七人の刑事」とフジテレビの「検事」はスタジオ制作のドラマだったが、同じ三五年一〇月にスタートした「特別機動捜査隊」（ＮＥＴ）は東映制作のオールフィルム、テレビ用の映画である。

東映らしい荒っぽい作りで、出演者にもスターらしいスターは一人もいないといってもよかった。第一、「特別機動捜査隊」という名称の捜査班はなく、これはアメリカの「ハイウェイパトロール」をお手本にして作った架空の組織である。

その主役は立石警部補、俳優は波島進だった。この波島進ぐらいだろう、どうにか人に知られた俳優は。あとは東映の大部屋や、新劇の研究生など、たまに名のある俳優がゲスト出演する程度である。

無名の俳優がいいのは、素人っぽい実在感があることで下手なセリフも聞きようによってはリアルな感じとなる。

ドラマ作りの荒っぽさも、好意的に見れば男性的ということになろう。

事実、このドラマは、拳銃のうち合い、車の追っかけっこなど派手なアクションが多く、ウサ晴しにはもってこいの番組だった。

■第四章

ミステリードラマはラジオがよく似合う

昭和37年〜昭和46年頃

◉——ラジオドラマが待っていた

昭和三七年（一九六二）三月、わたしはラジオ文芸部の第二ドラマ班に移った。

当時のラジオ文芸部は、第一ドラマ班、第二ドラマ班、物語小説班、バラエティ班、クイズ班、演芸班、劇場中継班に分かれており、主なドラマ番組は「芸術劇場」（日曜日、午後八・〇〇〜九・〇〇、第二放送）「ラジオ小劇場」（金曜日、午後一一・〇五〜一一・三五、第二放送）「ラジオ芸能ホール」（月曜日〜金曜日、午後九・二五〜一〇・〇〇、そのうち連続ラジオドラマは一五分間、第一放送）「放送劇」（土曜日、午後九・二〇〜一〇・〇〇、第一放送）で、その他に「物語」（木曜日、午後一一・〇五〜一一・三〇）など、その他、連続物としては「日曜名作座」（日曜日、午後一〇・三〇〜一一・〇〇、第一放送）「一丁目一番地」（月曜日〜金曜日、午後六・三〇〜六・四五）などあり、その他「浪曲ドラマ」「バラエティドラマ」など、ラジオドラマは全盛期はやや過ぎたとはいっても堂々の陣容だった。

わたしの担当は連続ドラマ「一丁目一番地」であった。

高垣葵、高橋昇之助が交代で執筆したホームドラマで、黒柳徹子、高橋昌也、名古屋章、岸旗江などがレギュラー出演しているその頃の人気ドラマであった。

一週五本分を二日に分けて録音するので、これだけ演出していればノルマははたせることになるが、何しろ東京に来て二年、ドラマから遠ざかっていたわたしのことである。提案で担当がきまる「放送劇」「ラジオ芸能ホール」などに、堰を切ったように提案を出し、「一丁目一番地」より、むしろ力を入れて東京でのドラマ作りに精出すことになった。

その第一作は四月二日から五回連続の「ラジオ芸能ホール」の連続ドラマ「魔術の女王」であった。

村松梢風《しょうふう》の原作を映画のシナリオ作家、阿部桂一が脚色、東宝スターの柳川慶子が主演した。明治・大正・昭和とその芸と美貌で売った魔術師、松旭斎《しょうきょくさい》天勝《てんかつ》の一代記である。

柳川慶子の父は日活プロデューサーの柳川武夫である。

柳川武夫は大映にいた時に、江戸川乱歩の「十字路」を映画化したプロデューサーだが、その頃、わたしとは、わたしの小説を映画化することで接触があった。

わたしが昭和三六年、『探偵実話』に発表した「御機嫌な夜」という前後篇の推理アクション小説を映画化しようという話が、そもそものきっかけであった。

この話を仲介してくれたのが本多喜久夫で、この人は推理小説とは切っても切れない縁のある人だ。戦後間もなく探偵雑誌『妖奇』を発行し、自らも「尾久木弾歩」の筆名で探偵小説を書いていた。「尾久木弾歩」は逆さまに読めば「ホンダキクオ」というシャレである。

『妖奇』は昭和二二年の発行で、これについては江戸川乱歩が『幻影城』でこう書いている。

「戦前のアンコールばかりを狙い、それにエロ・グロを加味して作家達にいやがられたが、社長の本多喜久夫君は雑誌作りの名人で探偵作家の旧作を実によく読んでいて、アンコール原稿の選択が甚だ巧みであった。一時は『宝石』や『新青年』など足元にも及ばないほどの大部数を売ったものである（後略）」

昭和三六年の段階で本多喜久夫はすでに雑誌の発行をやめ、出版社、映画会社を相手に、作家の代理人として原稿を売り込む仕事をしていた。

五反田の広小路に広大な土地を持つ資産家で、すでに老齢なので、別に働かなければいけないことはないのだから、この代理業は作家を育てる趣味といってもよかった。

この本多喜久夫が、突然、ＮＨＫにわたしを訪ねて来て、貴君の推理小説をいくつか読んだ、映画に向くものがあるので、自分に任せてほしい、映画化されたら三割は頂くがよろしいか。黒眼鏡をかけ、チョボ髭をはやした本多喜久夫は、正直いって昔の大陸浪人、特務機関の工作員といった感じの怪人物だ。

これが縁でわたしは本多喜久夫と親しくなり、本多も息子のような年のわたしをよく面倒見てくれた。映画プロデューサーの柳川武夫を紹介したのもこの本多喜久夫だった。

「御機嫌な夜」は結局映画化されなかったが、昭和三七年九月号の『小説読切』に載せたユーモアサラリーマン小説「新入社員第一課」が、柳川武夫のプロデュースで映画化されることになるのだ。

この柳川武夫の令嬢が柳川慶子だったので、わたしの記念すべき東京でのドラマ第一作に出演願ったという訳だ。

本多喜久夫―出版、柳川武夫―映画、とわたしの推理ＳＦドラマにとってかかせない人物が揃ったのである。

「ラジオ芸能ホール」はこの年、昭和三七年には、四月から一二月まで毎月、一シリーズから二シリーズを担当した。

五月　歌謡ドラマ「貝殻さんと呼んだ人」
六月　股旅ドラマ「はぐれ鴉の勘太郎」
七月　歌謡ドラマ「次郎ちゃん」
八月　戦争ドラマ「最後の戦闘機」
九月　歌謡ドラマ「隅田の川風」
一〇月　アクションドラマ「北海の男」
一一月　歌謡ドラマ「幸せはここに」
　　　戦争ドラマ「南支那海」

と続いて一二月には「特務指令0号」を五回連続で演出した。

太平洋戦争の開戦直前、某国大使館の金庫から機密書類を盗み出す日本人スパイの活躍を描いた伊東鍈太郎《えいたろう》の原作を、水守三郎が脚色したドラマだった。

スパイは苦心の末に、機密書類を盗み出すが、後になって分かったことは、実は、某国の諜報機関が仕かけた罠で、機密書類はにせ物だったという事実に基づいたサスペンスもの、三津田健、高橋昌也らの出演であった。

金ドラと呼ばれた「放送劇」は金曜日から土曜日に移っていたが、依然としてラジオドラマの看板番組だった。

三七年には二本の「放送劇」を担当した。

四月二八日「活弁物語」原作・山野一郎、脚色・穂積純太郎、出演・木下秀雄、徳川夢声
一〇月六日「帰るべき土地」作・高橋昇之助、出演・鈴木光枝、関根信昭
そして一〇月の「現代日本文学特集」では開高健の「裸の王様」を須藤出穂《いずほ》の脚色、木下秀雄、山内雅人らの出演で制作したが、わたしとしては八月一〇日の「ラジオ小劇場」に全力投球したのである。

わたしは東京でドラマの演出が出来るようになって、すぐに星新一にオリジナル脚本を書いてもらおうと交渉していた。

星新一は前年、昭和三六年に短篇集「人造美人」を出してショート・ショートの名手として目下売り出し中、三〇分のラジオドラマをじっくり書く暇はなかった。

そこで、わたしは放送作家の谷岡由規が脚本の恰好をつけることにして、星新一にアイデアとプロットを考えてもらった。

こうして出来上った脚本が「第五氷河期」で、星新一らしい楽しいドラマとなった。

当時の『東京新聞』の番組紹介欄にこう書かれている。

「ラジオ小劇場『第五氷河期』

人工冬眠からさめた現代の男
　寒波に襲われた氷原へ
ラジオ小劇場は空想科学ドラマ『第五氷河期』星新一作、谷岡由規脚色、上野友夫演出。五百年後の地球は、原因不明の寒波に襲われて見渡す限りの氷原に変っていた。そしてわずかに生き残った人々が寒々と希望もなく生活している。そんなところへひょっこりと、人工冬眠からさめた現代の男がさまよい出た。……」

さて、この男の正体は？　星新一一流のとぼけた味が楽しめるSFドラマだった。

新聞紹介でも分かるように、まだSFという言葉はそれほど一般化しておらず、依然として、空想科学ドラマなどといっていたのかと、何か古めかしい感じがするが、いずれにせよ、この「第五氷河期」がわたしの東京でのSF第一作となったのである。

この年、三七年の三月二五日には、ラジオ一〇〇分ドラマ、松本清張の「球形の荒野」が放送されている。

前年の同じ松本清張の「黒い樹海」が評判だったので企画されたもので、「球形の荒野」の方は、田辺まもる脚色、出演・北沢彪、小林千登勢《ちとせ》などで、演出は、わたしが広島局にいた頃の先輩・杉岡暁であった。

その頃、ラジオドラマは映画、特にテレビドラマを意識して、その対抗策の一つとして映画並みの時間一〇〇分、一時間四〇分のワイド版で、長篇小説の読切りという新しい路線を考えていたのだが、耳だけで長時間、拘束される聞き手の苦痛もあり、その後、ワイドドラマはドラマ以外の要素、音楽、実況、インタビューなどを加味することになる。

松本清張といえばテレビでも引っぱりだこで、三七年四月から三八年三月までの一年間、松本清張シリーズ「黒の組曲」が放送された。松本清張全集のテレビ版が狙いで、四七本の小説をそれぞれ前後篇に分けてドラマ化している。

第一回は三七年四月五日、午後一〇・一五からの三〇分間、「駅路」の前篇である。脚色・川崎九越《くえつ》、出演・藤原釜足《かまたり》、内田稔、赤木蘭子、演出は石島晴夫であった。

後年、清張ドラマといえば和田勉の演出といわれるようになった和田勉は、このシリーズの演出スタッフには加わっていない。

推理ドラマでは「テレビ劇場」（水曜日、午後一〇・一五〜一一・〇五）で七月二五日「月と手袋」が放送されている。

江戸川乱歩の「月と手袋」は戦後になって、三〇年『オール読物』に発表した推理小説で、犯人が自分を事件の目撃者に仕立てるというトリックを使っている。

この「月と手袋」は偶然にも翌三八年に、わたしもラジオドラマで制作しているが、三七年のテレビドラマは松本守正の脚色、演出は辻真先だった。

辻真先は若い人向けの推理小説で今や売れっこの推理作家だが、この時はＮＨＫの職員で、わたしとは同期入局の仲である。

辻真先は「月と手袋」を演出して間もなくＮＨＫを辞して、アニメ漫画の脚本家として出発、後に推理作家に転身した。

推理作家になってもドラマ・芝居の面白さが忘れられないらしく、小劇団の脚本・演出など手がけていたが、最近、わたしと山村正夫、「月と手袋」の脚本家・松本守正の三人で結成した推理劇専門の劇団「宝石座」の同人に加わった。

◉──推理作家シリーズ

昭和三七年（一九六二）一〇月、NET（テレビ朝日）は裁判ドラマという、今迄タブーであった、というよりは面白味のないジャンルに挑んだ「判決」をスタートさせた。

外国のように陪審員制度があれば、検事、弁護士は如何に陪審員の心証を良くするか虚々実々の法廷戦術を展開、思わぬ、どんでん返しがあってスリル満点だが、日本ではそうはいかない。陪審員という法律的には素人（つまり視聴者と同じ側の人間ということになる）がいなくて、専門家だけの法廷だから堅苦しく難解な用語が飛び出したり、ドラマチックな盛り上がりが少ない。

ドラマで法廷が出るのは、おごそかに裁判長の判決が言い渡される場面だけといってもいい。テレビドラマ「判決」は真正面から法廷を扱い、弁護士、被告らの人間性を描くことに重点を置いた志の高いドラマといっていいだろう。

出演者も、佐分利信《さぶりしん》、仲谷昇、沢本忠雄、河内桃子と渋好みであった。

推理ドラマと呼ぶにふさわしいかどうか分からないが、事件の発生、捜査、犯人逮捕、そこまでが推理小説、ドラマの興味があるところで、犯人がどのような刑罰を受けたかは、つけ足しといった感じがする中で、最後の締めくくりともいえる「法廷」にドラマを持ち込んだ勇気は、ほめられていいだろう。

昭和三八年（一九六三）一月一日、フジテレビから連続放送されることになった「鉄腕アトム」は日本ではじめてといっていい本格的なSFアニメーションである。

手塚治虫が創り出した主人公の鉄腕アトムの可愛らしさと無類の強さ、ロボットにして正義感あふれる行動力などSFアニメ最大のキャラクターとなった。この「鉄腕アトム」の成功により以後、数え切れないほどのSFアニメが制作され、「宇宙戦艦ヤマト」など見るべきものも多いが、「鉄腕アトム」のように大人から子供まで誰からも愛され教育的にも安心出来るアニメはないだろう。

一月二一日から二五日まで午後九・二五から一〇・〇〇まで、NHKラジオは「推理作家シリーズ」を編成した。

このシリーズの特長は、『毎日新聞』の紹介記事がこう伝えている。

「現在活躍中の五人の中堅作家がラジオの特性を生かして書き下ろした推理ドラマでラジオの巻き返しをはかろうというわけだ。◇数年来〝推理小説ブーム〟がうたわれている。しかしラジオではスリラードラマはさかんに放送されているが本格的な推理ドラマはまだ登場していないという。効果音や音楽で恐怖をつくり出すスリラーはラジオ向きだがナゾ解きやトリックが大部分を占める推理ドラマはラジオにはむずかしいためである。そこで今回は『実験的な意味で、物的証拠を必要としない心理的なトリックや、気のきいたドンデン返しに重点をおいた推理ドラマを登場させてみた』と担当の上野プロデューサーは語っている。作家はそれぞれ作風のちがう五人がえらばれた……（後略）」

このシリーズの企画をまかされたわたしは、演出者も、わたしを含めて全部若手とし、わたし自身は、松江以来、ハードボイルド小説作家としてめざましい活躍をはじめた河野典生のドラマを演出することにした。

第一夜「執念」――社会派の中堅・佐野洋の作で、自動車事故をめぐる都会的なサスペンス。出演は平幹二郎《ひらみきじろう》、広村芳子、演出は土橋成男

第二夜「歪んだ射角」――日影丈吉作で、銀座で起こった拳銃乱射事件にまきこまれた新聞売りの少女の恐怖。出演は二木てるみ、山本学、演出は平野敦子

第三夜「ある取引」――仁木悦子作で、ハイティーンによる小学生誘拐事件をテーマにしたもの。出演は川口知子、清川新吾、演出は真家ユリ子

第四夜「紀伊浜心中」――梶山季之《としゆき》作で、お互いに殺意を抱く恋人同士の旅行はどうなるか。出演は小池朝雄、伊藤幸子、演出は沖野瞭

第五夜「あいつの声」――河野典生作で、女優の車に親をひき殺された青年の復讐譚。出演は関根信昭、木下秀雄、演出は上野友夫

推理作家による書下しのラジオドラマと口でいうのはたやすいが、ドラマの脚本という形式にこだわる人が多く、説得するのに骨が折れた。

その点、河野典生は学生時代からラジオドラマを書いていたので、ツボを心得えたいい脚本で

あった。

◉──事件記者

東京で推理ＳＦドラマを思い切りやりたいというわたしの執念は、星新一の「第五氷河期」と「推理作家シリーズ」の企画・演出で最初の足がかりを得たものの如くであった。

後はただ突撃あるのみと意気さかんなわたしは、この年、昭和三八年（一九六三年）三月、ラジオ文芸部からテレビ文芸部へ移籍となり、「事件記者」のアシスタントディレクターを命じられたのである。

このトレードは考えようによっては、人気上昇中のテレビへの栄転だが、わたしはいささか不満であった。せっかく自分で思いのままの企画・演出が出来るようになったのに、テレビにかわれば、アシスタントの第一歩からはじめなければならない。

それにテレビドラマは連続物がほとんどで、演出できる人の数は少ない。一本立ちしてテレビで、しかも推理物をやれるまでには一体何年かかることか、第一、わたしはラジオドラマが好きなのだ。

テレビに対してコンプレックスを持ったこともない。むしろテレビよりラジオの方が、自由に、のびのびと自分の個性をのばせると信じていたのだ。

しかし業務命令とあれば仕方がない。

わたしは「事件記者」を制作しているテレビ文芸部第二ドラマ班所属ということになった。

この年「事件記者」は六年目をむかえて、四月から従来の三〇分から一時間の放送時間となるが、わたしが配属された時は、まだ三〇分の枠であった。

演出は同期の坐古悠輔で、わたしが推理小説を書いていることを知っていたので、「事件記者」に配属されたことを喜んでくれた。

わたしの最初の仕事は作者の島田一男の原稿とりである。

当時、島田一男は新宿牛込余丁町に住んでいた。

島田一男は原稿が遅いので有名であった。もっとも毎週一本、オリジナルの脚本を書くのだから大変な苦労で、原稿がおくれるのも無理はないだろう。

この頃、売れっこのライターは皆そうで、わたしが担当した「一丁目一番地」の高垣葵など録音日の前夜、自らプリント印刷の工場へ原稿を持ってきたりした。

わたしが島田一男の家に行った時は、すぐに原稿が出来たらしく、わたしは、少しばかり待たされただけで原稿を拝受した記憶がある。

「事件記者」はこの年の四月から内容が一時間となり、今までの三〇分前後篇をやめて、「七人の刑事」並みの一話完結の形をとることになった。

タイトルバックも変った。毎日新聞社（有楽町の旧社屋）の屋上を伝書鳩が舞っているのから、輪転機が高速で新聞紙を吐き出すものに変更された。

こうした「事件記者」の衣がえは、番組の強化策であったが、それは同時に、強化せざるを得ない事情、長期化によるマンネリズムがあったからで、やがて視聴率の面でも低下して行く。そして、演出の坐古悠輔は自ら希望して演出畑から営業畑へと去っていった。

わたしは、この新「事件記者」がスタートする四月には、新しい連続ドラマ「東京の人」のアシスタントディレクターとなった。

川端康成の原作を竹内勇太郎が脚色し、木暮実千代、磯村みどり、北沢彪、牧紀子、柳川慶子らの出演であった。

「東京の人」は一足先きに映画化されており、三浦洸一の主題歌でも有名になった本のテレビ化で、新味に乏しく、加えて官能シーン御法度なので気の抜けたサイダーのような感じで、必ずしも成功したとはいえないドラマだった。

ＶＴＲ録画の編集がままならない頃なので、俳優のミスなどがあると、頭からやり直さなければならない。カメラは長いケーブルを引っぱり、うっかりするとカメラとカメラが向き合ったり、なんとも歯がゆいスタジオワークで、わたしはいささか憂鬱になり、ラジオドラマが恋しい日々であった。

ところがよくしたもので、間もなくＮＨＫ内部の機構が改まって、文芸部はラジオとテレビが一緒になり、ドラマ関係は第一文芸部ということになった。Ｒ・Ｔ時代、つまりラジオ・テレビと区別する時代ではない、ドラマはラジオもテレビも同じなのだ、誰でもラジオ・テレビが出来るようにならなくてはいけない、そうした主旨であった。

わたしにとっては願ってもないことであった。

「東京の人」は九月まで続いたが、わたしは希望して、テレビのスケジュールをぬってラジオドラマの演出もすることになった。

八月二三日の「放送劇」で知切光歳《ちぎりこうさい》作の「大盗はかまだれ」を演出、ラジオドラマの空白は結果的には五ヶ月間に過ぎなかった。

◉――ナイジェル・ニールの「沼」

この年、昭和三八年（一九六三）、日活で、わたしの原作が四本、映画化された。

サラリーマン物「大器晩成」「昨日の敵は今日の友」、歌謡映画の「アカシアの雨がやむとき」、そして犯罪物の「静かなる暴力」である。

「アカシアの雨がやむとき」は、その頃ヒットしていた西田佐知子の歌謡曲をテーマにしたもので、わたしが『月刊明星』（三八年五月号）に載せた小説が原作となっている。浅丘ルリ子、高橋英樹、葉山良二、それに西田佐知子という出演者で、監督はベテランの吉村廉、主題歌のせいもあって映画もヒットした。

「静かなる暴力」は『傑作倶楽部』所載のわたしの原作を映画化したもので、知能犯罪をくりかえす暴力団組織と警察との闘いを描いたもので、内田良平、白木マリの主演、監督は小杉勇であった。

わたしの本職としては一二月一七日の「おたのしみ劇場」（火曜日、午後八・〇一～八・三〇）

で推理ドラマ「月と手袋」を演出した。前年三七年にテレビで辻真先が演出していたが、わたしは知らなかった。

ラジオの方は、石川年の脚色、出演は桜井英一、柳川慶子、山田清などであった。

三八年のNHKテレビ「文芸劇場」（金曜日、午後八・〇〇〜九・〇〇）の八月は推理ドラマの特集を組んだ。

八月九日「心理試験」原作・江戸川乱歩、脚色・藤村正太、出演・山形勲、神山繁、森塚敏、演出・岸田利彦

八月一六日「時間の習俗」原作・松本清張、脚色・川崎九越、出演・大木実、富田浩太郎、演出・安井恭司

八月二三日「夜の配役」原作・有馬頼義、脚色・藤本義一、出演・宇佐美淳也、小山明子、南悠子

八月三〇日「金の砂」原作・水上勉、脚色・小幡欣治、出演・河野秋武、嘉手納清美、演出・井上博

「夜の配役」は大阪局の制作のように思えるが、演出者の名前が記録に残っていない。

江戸川乱歩の「心理試験」は、その後昭和四三年にわたしもラジオドラマ化した。

三八年には「テレビ指定席」で八月一〇日（土曜日、午後八・〇〇〜九・〇〇）山田風太郎の「第三の裁き」が放送されている。

「テレビ指定席」はフィルムドラマで、NHKが契約した映画監督が演出に当り、映画に経験の

ないNHKの演出家に映画作りを学ばせる目的があった。

「第三の裁き」は田村幸二の脚本で、出演は花沢徳衛、小林千登勢、河野秋武、佐藤慶、監督は小野田嘉幹《よしき》であった。

NHKの職員が演出したものでは、吉田直哉の「魚住少尉命中」（作・横光晃、出演・中尾彬、伊吹友木子、岸田森）や、深町幸男の「ドブネズミ色の街」（原作・木暮正夫、脚本・土居通芳《みちよし》、出演・亀谷雅敬《かめたにまさのり》、大坂志郎、倉田マユミ）などの秀作があり、「ドブネズミ色の街」は第四回モンテカルロ国際テレビフェスティバルで受賞している。

この年三八年の一〇月から東京放送テレビ（ラジオ東京テレビをこの年九月に改称）は、推理物ではないが社会部記者の活躍を描く、「こちら社会部」を劇団民芸のユニット出演でスタートさせている。

又、フジテレビでは同じく一〇月から、平幹二郎、丹波哲郎、長門勇とアクの強いトリオで「三匹の侍」を制作し、アクション時代劇として評判をとった。演出はフジテレビの社員だった頃の五社英雄である。

昭和三九年（一九六四）は日本国中あげて東京オリンピックでわきかえった。

放送界も、早々とその中継の準備をはじめ、ドラマの現場からも、オリンピック放送本部の方へディレクター達が応援に出かけることになった。

放送界だけでなく出版も映画もオリンピックブームで、それを当て込んで書いた、わたしの「東京五輪音頭」（『読切倶楽部』九月号所載）を日活で映画化することになったが、予算的な面か他社と競合するのを嫌ってか、撮影開始寸前で取り止めとなった。
この年のわたしの見るべき仕事といえば、八月の「海外スリラー特集」ぐらいのものである。広島・松江以来のつき合いとなった矢野徹の助言を得て、わたし自身は、ナイジェル・ニールの「沼」を矢野徹の訳、脚色で制作した。
田舎の沼のほとりの一軒家を借りた小説家が、夜な夜な、沼に出かける奇妙な老人を見つけて後をつけると、老人は蛙をとってきては、剝製にしている――という不気味なドラマで出演は木下秀雄、坂本和子。
「沼」以外の四本は、
「壁をへだてた目撃者」原作・スタンリー・エリン、脚色・石山透、出演・露口茂、田中紀久子、演出・柴田和夫
「猿の手」原作・ウィリアム・ジェイコブズ、脚色・北川魴介、出演・三津田健、南美江《よしえ》、演出・佐々木昭一郎
「おとし穴と振子」原作・エドガー・アラン・ポー、脚色・鈴木新吾、出演・久米明、天野有恒、演出・遠藤利男
放送は毎週月曜日の午後九・三〇～一〇・〇〇、第一放送であった。

◉——佐賀潜の推理ドラマ

昭和三九年（一九六四）東京オリンピックのさ中、ＮＨＫテレビは、まことに奇妙なドラマの放送を開始した。

一〇月二六日から翌四〇年の三月まで、月曜日の午後八・三〇～九・〇〇までの時間帯で放送されたドラマは題名も「奇怪千万」というのである。

当代切っての風刺作家・飯沢匡《ただす》の作で、ドラマの手法としてＳＦのタイムスリップ現象を使っている。作者はＳＦドラマとして書いたのではないだろうが、三〇〇年前の江戸時代、世継ぎ問題のごたごたにまきこまれた老夫婦が、突然タイムスリップして現代に出現し、自分の子孫を探し歩くというストーリーはまさにＳＦである。

こうした内容なので演出としては、フィルム、アニメーションなどの特撮を多用して、見た目にも楽しいドラマにするよう努力している。

出演は益田喜頓《きいとん》、市川翠扇《すいせん》、里見京子、七尾伶子、演出はベテランの中川忠彦の下で岸田利彦、勝山二が担当した。

昭和四〇年（一九六五）四月からＮＨＫテレビ「大衆名作座」（金曜日、午後八・〇〇～九・〇〇）は「人形佐七捕物帳」をスタートさせた。

美男の捕物名人・人形佐七の生みの親は横溝正史である。

捕物帖といえば、岡本綺堂「半七捕物帳」、佐々木味津三《みつぞう》「右門捕物帖」、野村胡堂「銭形平次捕物控」など数多いが、中には推理・トリックよりも江戸の風俗、情緒といった趣味的な味わいが強いものもある。その中で横溝正史のものは謎解きがしっかりしているので、推理物としても通用した。

ドラマは榎本滋民、川崎九越らの脚色で、出演は松方弘樹、小林千登勢、渥美清、岩井半四郎と中々の豪華キャスト、演出は小林利雄、浦野進などが交代で担当した。

この年、わたしは推理・SF物では七月一七日のラジオ「物語」の時間で、星新一の三つの短篇を連作という形で放送した。

奇抜な薬を発明した博士の実験室に強盗が入り新薬を盗み出したが——その結果が三篇とも違うという面白さを狙ったもので、題して「博士の不思議な薬」。出演者は本郷淳であった。

翌八月七日の「放送劇」は佐賀潜の「ある容疑者」をドラマ化して放送した。

佐賀潜は昭和三七年、「華やかな死体」で第八回の江戸川乱歩賞を受賞し、たちまちベストセラー作家となった。

佐賀潜は五〇歳をすぎてから作家活動に入った変り種だが、その前身は検事、弁護士であり、特に弁護士としては、保全経済会事件、東京製糖乗っ取り事件などの事件で、有能卓越した法廷戦術で知られた法曹の大物だった。

その佐賀潜が趣味で書き出したのが、自己の体験を生かした犯罪・推理小説であった。

趣味といっても本人は小説家となるのが年来の夢だったそうだから、乱歩賞をとるや、猛然と書きはじめ、文壇の高額所得のベストテンに入るほどの流行作家となった。そしてあまりにも書きすぎ、働きすぎで昭和四五年（一九七〇）、八年間の専業作家生活を送っただけで死去した。

佐賀潜の本名は松下幸徳《ゆきのり》、犯人を探せんが筆名の由来かと思ったら、出身地の佐賀と厳父の名前からとったとのことだった。

「ある容疑者」は四〇年の春頃に出版されたもので、一読してラジオドラマ向きなのでドラマ化することに決めた。

不動産会社の女社長と専務が、それぞれの自宅で時を同じくして殺害された。

容疑者として女社長の愛人の青年が逮捕されたが、青年はあくまでも犯行を否認、裁判が開かれるが、この青年を起訴した検事と弁護士とは大学時代からのライバルだった。

南原宏治の検事と、横森久の弁護士が虚々実々の法廷論争をくりひろげるという本格的な推理ドラマで、脚本は、松江時代の声優・ライターで、その後上京してＮＨＫの脚本研究会に所属していた郡山政宏であった。

松江以来、わたしの推理物はおなじみだったので、推理ドラマのコツを心得えたいい脚本だった。

昭和四〇年の四月、ＴＢＳテレビは「ザ・ガードマン」をスタートさせている。

世間一般には「ガードマン」という言葉そのものが普及していない頃で、「警備保障」と称する会社もわずか数社に過ぎなかった。

しかし警官よりは数段カッコいい制服をつけ、規律正しい行動をする新しい職業が人々の注目をあび、このシリーズは昭和四六年（一九七一）までロングランを続けることになった。

同時に「ガードマン」という言葉も世間に通じるようになった。テレビのおかげである。英語のGuardには、それ自体に「看守」「番人」という意味がありGuardianとなると「監視者」と「後見人」、ガードマンに近いが、Guardsmanは「衛兵」「州兵」（アメリカ）のことで、ガードマンという英語はないのだ。

「ガードマン」の出演者は、宇津井健のキャップ以下、藤巻潤、川津祐介、神山繁、倉石功、中《ちゅう》条《じょう》静夫、稲葉義男などであり、このシリーズで、長らく映画の大部屋でくすぶっていた中条静夫は遅まきながらスターの座についたのである。

警官と違って捜査権も拳銃もない「ガードマン」だが、テレビでは警官顔まけの犯人追跡をやり、時にはオランダ、スペインにまで飛ぶという、いささか現実ばなれした活躍をする。

このテレビドラマのせいばかりでもないだろうが、以来、会社は職員の守衛を廃して、ガードマンを傭うケースが多くなり、今では会社、デパート、スーパー、道路工事の見張りなど、街でガードマンの姿を見かけない日はないくらい、おなじみの存在となった。

後日、ＮＨＫテレビ「男たちの旅路」でもガードマンが登場するが、ＴＢＳ版「ガードマン」は、徹底的にカッコいいアクションドラマにしたてて成功したといっていいだろう。

●——翻案推理ドラマ

昭和四一年（一九六六）一月二九日、NHKの「テレビ指定席」は高木彬光の「わが一高時代の犯罪」を小幡欣治の脚本でドラマ化した。川合伸旺《のぶお》、津川雅彦、山本学などの出演で監督は金子精吾であった。

そして四月三〇日（土曜日、午後八・〇〇～九・三〇）にはウィリアム・アイリッシュの「幻の女」を中井多津夫の脚本でドラマ化した。出演は山崎努、仲谷昇、岸田今日子、文野朋子、演出は岡崎栄である。

テレビドラマは顔かたちが画面に出るので、舞台の赤毛物のように外人ぽくメーキャップしても日本人であることがバレてしまう。そこで外国物が原作の時は、舞台・人物を日本と日本人に変えてしまう。

この翻案ドラマというのは一筋縄ではいかない。

外国人の名前を日本人の名前に変え、背景になる町や海や川をそれらしく実在の日本にある町などに移し変えればいいというものではない。

外国人と日本人では物の考え方が違うし、日本人では笑って済ませることが外国人では裁判沙汰になることもある。暮し方も違えば、社会の仕組みも違う。

同じ金持といっても、ケタが違う。日本には貴族はいないが、ヨーロッパでは公爵、伯爵などと爵位をもって、それなりに尊敬されている階級が現存する。そうした貴族階級や、アメリカの富豪の暮し方など、まず日本に移し変えることは不自然だし、仮にそれらしくやってみても、スケールがぐっと小さくなってしまう。

それに推理物でかかせない凶器も、銃砲が自由に買えるあちらと、そうでない日本とでは肝心のトリックの組み立てからして違ってくるだろう。

日本では、まずどうして銃砲を手に入れるかという問題を解決しなければならない、部屋のデスクの引出しにピストルが置いてある国とでは話にならないのだ。

そうした訳で、外国の小説をテレビ化することは非常に困難が伴う。

特に犯罪・推理物は、事件が起こる風土という要素、例えばニューヨークのスラム、シカゴ・マフィアのシンジケートなどが重要な意味を持つし、人種問題もさけて通れない。

これらをどうやって日本に移し変えるか、脚本家の腕の見せどころでもあるが、巧くいきすぎると、肝心の原作の味わいを殺してしまうことになりかねない。

その点、ラジオドラマはありがたい。

画がないのだから、ニューヨークだろうがパリだろうが、宇宙の果てであろうが、原作そのままの舞台でいいし、登場人物の名前もそのまま、喋る言葉が日本語というだけで、あとはすべて外国そのままの雰囲気が出せるのだ。

音楽、効果音で、たちまちにしてニューヨークの街の喧騒さが表現出来る。

外国の推理物はラジオドラマがよく似合うのである。

翻案ドラマの悪口みたいになったが、岡崎栄演出の「幻の女」は「都会の顔——ウィリアム・アイリッシュ〝幻の女〟より」というタイトルで放送され好評であったのはなによりだった。

そこで翌四二年の三月にも、岡崎栄は同じウィリアム・アイリッシュの「暁の死線」を翻案したドラマ「真夜中の青春」を演出している。こちらは瀬川昌治の脚本、出演は、姿美千子、信欣《しんきん》三《ぞう》、田中邦衛、東野孝彦であった。

ウィリアム・アイリッシュの本名は、コーネル・ジョージ・ホプリィ・ウールリッチという長たらしい名前である。本名を縮めた、コーネル・ウールリッチ名儀でも多くの推理小説を発表している。

一九二九年、二六歳の時に書いた「カバー・チャージ」が映画化されるなど小説家として恵まれたスタートを切ったが、離婚問題などもあって中だるみ、一九四〇年「黒衣の花嫁」、一九四二年「幻の女」を出版して推理作家の第一人者となった。

ウィリアム・アイリッシュの代表的な作品は前記の外に「黒衣の天使」「暁の死線」「恐怖の冥路」などがあるが、一九六八年、昭和四三年にニューヨークで死去した。

◉——大下宇陀児の追悼物語

昭和四一年九月から一〇月にかけて、わたしはラジオドラマで「海外推理ドラマ特集」を企画した。

毎週金曜日の午後一〇・三〇〜一一・〇〇までで、次の四本である。

九月一六日「黒いカーテン」原作・ウィリアム・アイリッシュ、脚色・福島正実、出演・玉川伊佐男、大森暁美、演出・沖野瞭

九月二三日「蠅を殺せ」原作・ジャン・ブリュス、脚色・石山透、出演・小山田宗徳、富田恵子、演出・三浦達雄

九月三〇日「もう一つの今」原作・マレー・ラインスター、脚色・沖浦京子、出演・大塚国夫、西山辰夫、演出・松田建一

一〇月七日「ヌーン街で拾ったもの」原作・レイモンド・チャンドラー、脚色・矢野徹、出演・木下秀雄、加藤みどり、演出・上野友夫

アイリッシュの「黒いカーテン」というのは、当時ほとんど知られていない長篇で、わたしは、たまたま『探偵倶楽部』に掲載されていたのを読んでいた。昭和三〇年（一九五五）五月号で、その号には、わたしの異境小説「スーダン守備隊」が載っていたので、「黒いカーテン」に目がとまったのである。

珍らしい作品だからというので紹介の意味もあってシリーズにとりあげた。

「もう一つの今」はSFで、ラインスターはアメリカSF界の大御所である。

そして、わたしが演出したのは、レイモンド・チャンドラーの「ヌーン街で拾ったもの」でハードボイルド物、だがおなじみ私立探偵フィリップ・マーローは登場しない。かわって麻薬捜査官ピート・アングリッチが大活躍する。

ロサンゼルスのヌーン街、安ホテルに身分を隠したピート・アングリッチがやってくる。この町で麻薬の密売をやっているボス、トリマー・ワルツを逮捕するためだが、この捜査官の荒いこと、パンチはうなり拳銃が火を吹く。小林恭治のバタくさいナレーションが、殺伐でみだらなヌーン街の雰囲気を盛り上げる。まさにラジオドラマならではの醍醐味である。

この年四一年の八月一一日、大下宇陀児が死去、七〇歳であった。

大下宇陀児は古くから「灰色の部屋」や「二十の扉」などでNHKにもなじみの推理作家だったので、追悼番組として短篇「蛍」を松本守正の脚色で「特集物語」として、わたしが演出することになった。

昭和三〇年代の後半であったと思う。何だか忘れたが、クイズ番組の打ち上げで、大下宇陀児と同席したことがある。

わたしが推理作家のはしくれであることを知っており、『酒』の編集長佐々木久子をまじえて歓談した楽しい思い出がある。

そんな縁もあって追悼番組を買って出たのである。

「蛍」は昭和三五年八月号の『宝石』に発表したもので、多感な思春期の娘にわきあがる恐ろしい幻想をロマンチックに描いた短篇である。

前年四〇年の七月二八日に江戸川乱歩が七一歳で死亡しており、一年たって大下宇陀児が七〇歳でこの世を去っていったのである。

「蛍」の放送は八月二〇日、土曜日の夜、一一時〇五分から、あわただしく短い準備期間であったが、脚本の松本守正が手際よくまとめ、出演は佐々木愛、伊藤牧子であった。

◉——現代を描く捕物帳

昭和四二年（一九六七）一月二日の夜、一〇時一〇分から「バラエティドラマ」として「ようこそ大黒さま」を放送した。

正月にふさわしい物というので、星新一に新作を頼み、その頃、彼のショート・ショートによく出てくる、エヌ氏とエル氏という、正体正明だが好人物の主人公を登場させ、それに大黒さまをからませて、ちょっぴり世の中を風刺しようというラジオドラマだった。

エヌ氏は独身、わびしい正月をアパートの一室で迎えた。隣りの部屋は新婚夫婦、正月早々濃厚なラブシーン展開中、エヌ氏はすっかり落ち込んでしまい、自分ほど不幸な男はこの世の中にいないと思い込む。

神も仏もあるものかと、ぐちの一つも出ようというもの、ところが、そこへ、見なれぬ男が現れて大黒だと名乗り、望みをかなえてやろうという。

大黒さまは、フランキー堺、エヌ氏は入江洋佑《ようすけ》、新婚夫婦は小林恭治と佐々木愛、後になって登場するエル氏は八木光生《こうせい》、中味はどうせオトソ気分の正月特集だからと馬鹿にしてはいけない。

一般の人の目にはふれないが、星新一が業界誌などに書いていたショート・ショートのエッセンスを集めて五〇分のドラマにしたのだから面白いことは受け合い、当時、売り出し中の加藤登紀子がシャンソン風の「幸せがほしい」という、わたしが作詞し、水時富二雄が作曲した歌を歌って話題になった。

この年、四月二一日の「放送劇」では矢野徹が翻訳しているSF「影が行く」をとり上げた。原作はウイリアム・キャンベル・ジュニア、脚色は宇津木澄に頼んだ。

「影が行く」は「遊星からの物体X」というタイトルで映画にもなっているが、地球上のどんな生物にでも変身出来る宇宙怪物の恐怖を描いている。

南極探険隊が厚い氷の下に、閉ざされていた宇宙船を発見する。中には得体の知れない生物が氷づけになっている。

探険隊員である生物学者は、氷を解かして怪物の正体をつきとめようとするが、その解凍の途中で、怪物は生きかえり行方不明となる。隊員の誰かの体内に入り込んでしまったのである。

一体、誰が怪物になってしまったのか、隊員達はお互いに疑心暗鬼、やがて恐ろしい結末がおとずれるのだ。

三津田健、加藤武ら文学座のユニット出演であった。

同じ四月、NHKテレビは「文五捕物絵図」(金曜日、午後八・〇〇~九・〇〇)をスタートさせた。

江戸は天保年間、神田明神下の岡っ引・文五の捕物話、原作は松本清張だが、このドラマはいささか原作とは趣きが変っている。原作からは時代・主人公の設定を借りただけといってもいい。

これでは子母沢寛《しもざわかん》の「座頭市」がどうやら第一話だけが原作を基にしており、後は脚本家が主人公のキャラクターを借りただけで、勝手にストーリーを作ったのと同じである。

だが「文五捕物絵図」は違う。

松本清張の現代物の推理小説の中味を「文五捕物絵図」にもり込んで、新しい感覚の捕物帳にしようとしたのである。

時代物の社会派ドラマという謳い文句だったが、推理物としても構成ががっちりしており佳作であった。

演出は和田勉、斉藤暁《さとる》、安江泰雅などの実力派、脚本家も須藤出穂、倉本聰、杉山義法《ぎほう》と今から思えば贅沢なメンバーだった。

俳優は主人公の文五に、売り出し前の杉良太郎、他に奈美悦子、露口茂、岸田今日子、東野英治郎などが出演、このシリーズは昭和四三年（一九六八）の一〇月まで続いた。

そして四三年の一一月からは「文五捕物絵図」の後番組として「開化探偵帳」がスタートすることになる。

明治のはじめ、いわゆる文明開化期の東京浅草伝法院屯所につめる探索方、今の刑事が、下町を舞台に活躍するドラマで、作者は「事件記者」の島田一男の他、土橋成男、中沢昭二、岡田光治などが交代で筆をとった。

出演は緒形拳、川崎敬三、香山美子、巌金四郎、演出は小林万顕、浦野進、沼野芳脩《よしのぶ》らであった。

◉——推理ドラマ「ふくろう」①

昭和四二年（一九六七）の一一月、わたしにとってはついに念願の大仕事を一つやったぞという推理ドラマ特集を企画・演出した。

この企画は番組広報係の努力もあり、多くの新聞がかなりのページをさいてPRしてくれた。どっちにしても自慢話になってしまうが、当時の新聞記事を紹介させてもらおうと思う。中でも『京都新聞』の記事が一番よく書けていると思うので再録したい（『京都新聞』、四二年一一月一〇日の記事）。

NHK第一放送ではきょう一〇日から四回（金曜後10・30）にわたって推理ドラマ特集を放送する。この推理ドラマ特集は、現在第一線で活躍している推理作家四人に推理ドラマの執筆を委嘱したもの。放送計画は第一回が松本清張の「ふくろう」（十日）、第二回が陳舜臣作の「海賊」（十七日）、第三回が土屋隆夫作の「影の道」（二十四日）、第四回が多岐川恭作の「ひき逃げ」（十二月一日）。

松本清張は、昭和二十七年下半期の芥川賞を「或る『小倉日記』伝」で受賞、その後、社会派の推理小説を数多く執筆、「ふくろう」は人間の声と小鳥の声の周波数の違いがトリックになっているラジオドラマにふさわしい題材。

陳舜臣は、昭和三十六年、第七回の江戸川乱歩賞を受けてデビューした中国人の作家、「海賊」は舞台を台湾にとり広東劇の名優とその弟子の愛情と憎しみをフランス租界のナゾの殺人事件にからませて描いている。

土屋隆夫は長野在住の作家で、古くから『宝石』の定連、昭和三十八年「影の告発」で推理作家協会賞を受けているが、「影の道」は一見平凡な地方都市に起こった婦女暴行事件をとりだし、その裏にひそむ戦争の傷あとに悩む人間の心理を浮き彫りにしている。

多岐川恭は昭和三十三年下半期の直木賞を「落ちる」で受賞、同年「濡れた心」で江戸川乱歩賞を受けた。

現代に生きる男女の複雑な心理を描くのを得意としているが、「ひき逃げ」は、ひき逃げという偶然の事故の裏に、たくまれたトリックがあったという意外性を二人の男女のしゃれた会話を通して描いている。

「ふくろう」(第一回)

松本清張・作、桜田誠一・音楽、上野友夫・演出。

大学音波研究室の助手尾形とその妻妙子は夜、北軽井沢の山中で野鳥の声を録音しようとしていた。その時、集音器つきのマイクが野鳥の声とともに人の会話らしいものと、自動車がガケから転落する音をキャッチした。

この事件は不動産会社の社長山野が一人で酔っぱらい運転で事故死したと報じられたが、尾形は会話からそのうちの一人が犯人であり、山野を殺したものだと推理した。

その犯人の声は野鳥の声のためによく判らない。人間の声より高い周波数を持つ小鳥の声をフィルターでカットしていけば、最後に人間の声だけが残り、会話の内容が明らかにされるはずである。

だが、そのことを報じた新聞記事を見た犯人の黒い手が尾形夫妻にさしのべられた。

出演は、木下秀雄（尾形）伊藤幸子（その妻）巌金四郎（山野）その他東京放送劇団。


以上が『京都新聞』の紹介記事である。

これだけ丁寧に内容を紹介してくれれば、こちらは大助かりであるが、そればかりではなく松本清張も含めて、作者の略歴まで紹介してくれたのは一般の人々に対してもゆきとどいたサーヴィスといっていいだろう。

推理作家はファンにとっては有名だが、まだまだ一般の人々にとっては特殊なジャンルの作家であり、特にテレビしか見ない人々にとっては俳優の名前は、視聴選択の大きな要因だが、原作者である推理作家の名前など関係ないからである。

わたしは昭和三八年にも書下しの推理ドラマ特集を企画し、佐野洋、日影丈吉、仁木悦子、梶山季之、河野典生の作品を放送したが、今回は、松本清張のオリジナルを得たことでシリーズの目玉商品が出来て大いに満足した。

タイトルの「ふくろう」というのは、紹介記事にあったように、小鳥達の鳴き声をフィルターで周波数ごとにのぞいて行くのだが、ふくろうの鳴き声は人間の声とほとんど波長が同じなので、ふくろうの鳴き声をのぞくと、人間の声も一緒に消えてしまうというもの、そのことを知らない犯人が録音テープを盗みにきて自ら正体をバラしてしまうというのが結末であった。

◉——推理ドラマ「ふくろう」②

音をトリックに使った推理ドラマは出来ないものか。そうすれば、くどくどと説明はいらない。音を聞かせて、それがトリックになるのであれば、まさにラジオドラマにぴったりではないか。

このわたしのアイデアに松本清張が乗り気だといってくれたのは山村正夫である。

昭和四二年（一九六七）、松本清張は日本推理作家協会の理事長に三選され、山村正夫は常任理事として名を連ねていた。

山村正夫を通じて話をすると松本清張は、音をトリックに使ったラジオドラマに大いに乗り気だという。アイデアもあるが、ただ、ラジオドラマの作劇上の約束事など知らないのが不安なので、山村正夫が協力してくれるならということで、わたしは山村正夫と、高井戸にある松本清張邸を訪れて打合せに入った。

その間にも、ひっきりなしに出版社からの電話があり、次室では編集者が待っていたり、流行作家というのは大したものだと感心するばかりだった。

そして出来上った作品は山村正夫の大いなる助言のせいもあって、巨匠にふさわしい見事な出来であった。

「海賊」の陳舜臣は神戸から上京してくれ、山の上ホテルで打合せをした。礼儀正しい紳士で、やさしい言葉使いが印象的だった。

「影の道」の土屋隆夫は、ずっと信州に居すわって執筆活動を続けている『宝石』の定連作家。会ったことはなかったが、昔からよく知っており、一度は打合せに信州に行くと連絡したが果せず、結局、原稿は送ってもらった。

「ひき逃げ」の多岐川恭は前述した『宝石』の「新人二十五人集」以来、こちらでは勝手に親しいつもりになっていたが、この時まで会ったことはなかった。

昭和三五年に東京に転勤になり、一、二度、虎の門の新橋飯店で開かれる探偵作家クラブの例会に顔を出しただけで、その後、サボリっぱなしだったので極く少数の推理作家以外は知らない人が多い。

多岐川恭は杉並の井草に住んでおり、打合せに行ってはじめて会った。小柄で眼鏡をかけ、色の青白い大学教授といったタイプで、とても新聞記者をやっていたとは思えなかった。

多岐川恭は福岡県八幡市の生まれ、八幡中学、七高、東大と進んだ秀才だから当り前かも知れないが、本名、松尾舜吉というのは、いかにもヤボッたい。『宝石』の懸賞の頃は白家太郎の筆名だったが、やはり多岐川恭の方がシャレていて、それらしいイメージに合っている。

本格物のトリックメーカーでもあるが、文学性の強いものや、時代物も器用にこなす、見かけよりは柔軟な守備範囲の広い推理作家である。

松本清張、陳舜臣、土屋隆夫、多岐川恭と揃えたこの書下し推理ドラマ特集は、新聞その他の

PRのせいもあって極めて好評であった。

第一回の「ふくろう」につづく作品の出演者と演出者を紹介する。

一一月一七日「海賊」出演・若山弦蔵、入江洋佑、大森義夫、演出・竹内日出男

一一月二四日「影の道」出演・久米明、田代信子、若林豪、演出・赤坂順之介

一二月一日「ひき逃げ」出演・高橋昌也、加藤武、伊藤幸子、演出・香西久

この推理作家による書下しの推理ドラマの成功（わたし自身はそう信じている）は、わたしを大いに力づけてくれた。

推理SFドラマが好きだ、それをやるのがわたしの義務なんだ、と心に誓ってはいたが、反面、推理物、特に謎解きの本格物はラジオになじまないのではないかという悩みも強かったのである。活字なら、前を読みかえすことが出来るが、聞きっぱなしのラジオでは、トリックの伏線を前に戻して聞くことが出来ない。後になって、ちゃんと伏線は張っておいたじゃないかといっても、それがさり気ない一言であったり、気がつかないような音であったとしたら、それをのがさずに聞いていなければ駄目だと強要するのは、こっちの身勝手で、アンフェアではないか。

さりとて、如何にもこれが伏線ですよと、子供だましのように強調して聞かせたのでは逆に聴取者を馬鹿にしたことになる。答えの分かっているクイズのようなものだからだ。

しかし今回の「推理ドラマ特集」は作品の質が揃ったこともあり、推理だ、本格だ、変格だの理屈ではなく、ドラマとして面白いことが第一、トリック云々だけをあげつらっても面白くない推理物は通用しないのだ、ということをはっきりとわたしに知らせてくれたのだった。

やはり推理ドラマはラジオが一番よく似合うのである。

◉——刑事《デカ》根性

昭和四二年（一九六七）「推理ドラマ特集」を終ってすぐ、一二月二二日の「放送劇」の時間で、わたしは山村正夫作「獅子」を演出している。

「獅子」は昭和三二年の一一月号の『宝石』に発表した本格物だが、舞台が古代ローマ帝国という風変りな小説である。

皇帝の寵愛を受けている近衛軍団長スパルタキュスをねたんだ財務長官、ローマ総督、そして将軍の三人はクーデターを計画する。それを察知した皇帝はスパルタキュスに、ある人物の暗殺を命じた。それを立ち聞きした侍従長プラチュウスは、しかし暗殺される人物の名前を聞きもらした。果して暗殺されるのは誰か、そしてどのような方法で。

「獅子」はラジオドラマに、並々ならぬ関心をもち、「素人ラジオ探偵局」などに脚本を書いている山村正夫が自ら脚本を書いた。

出演は山内雅人、稲垣昭三、内田稔、木下秀雄その他であった。

この年、わたしは舞台劇「白と黒の系譜」という推理物の脚本を書いている。

松江時代の声優・青砥洋が上京して主宰している劇団「春鳥」のために書下した、山陰の狐つきの迷信をテーマにした推理劇で、青砥洋が主演・演出した。一一月九日、都市センターホールでの公演で、けっこう大入りであった。
推理劇の舞台は松江でも経験があったが、東京のど真中での公演は、たったの一日限りであったが、わたしにとっては大きな喜びで、やがて、山村正夫、松本守正と推理劇専門の「宝石座」を結成することになるのだ。
昭和四三年（一九六八）、わたしは再度「推理ドラマ特集」を企画する。
九月の七日から二八日までの土曜日、午後一〇・一五〜一一・〇〇までのFM放送で、推理ドラマといってもほとんどがSFであった。
九月七日「モロー博士の島」原作・H・G・ウェルズ、脚色・矢野徹、出演・八木光生、篠田節夫、演出・上野友夫
九月一四日「七三光年の妖怪」原作・フレデリック・ブラウン、脚色・たなべまもる、出演・谷口精二、下川辰平、演出・香西久
九月二一日「月はいまでも明るいが」原作・レイ・ブラッドベリ、脚色・福田善之、出演・高橋昌也、名古屋章、演出・沖野瞭
九月二八日「死よおごるなかれ」原作・コーネル・ウールリッチ、脚色・須藤出穂、出演・山本勝、此島《このしま》愛子、演出・角岡正美
わたしが演出した「モロー博士の島」は、その後、アメリカで映画化されて日本でも公開されたが、なにしろ主題が合成人間、半獣半人など薄気味悪い怪物がぞろぞろ現れるので閉口した。
ラジオドラマでは姿が見えないから、そこは巧くカバーしたが、人間改造、それも獣化したり、

いささか人道上問題ありで苦心した。

この年、四三年の三月八日、「刑事根性《デカ》」という放送劇を演出している。

誘拐殺人の「吉展《よしのぶ》ちゃん事件」を解決した警視庁捜査主任、堀隆次警部補の話だが、事件そのものは新聞やテレビのニュースでよく知られており、堀警部補の活躍ぶりも報道されていたので、ドラマは、彼の刑事になるまでの隠されたエピソードを拾い出そうとしたのである。

わたしは、堀隆次を世田谷の自宅に訪ねたが、すでに警視庁は退官しているのに、口が重く、中々話に乗ってこない。やっとのことで聞き出した話は、北陸に生まれた堀が、家出同然に上京、おばさんの家で運転手の助手をしたところからはじまった。

ある日、市電の中で、虎の子の金をすられてしまう。堀青年はスリを求めて一日中、東京の街をたずね歩く。その根性をみておばさんは巡査になれという。そして巡査になり交番勤務で、新米ながら先輩巡査を刺した犯人を逮捕し、刑事の道を歩むことになる。

丁度、その頃、堀隆次の『刑事根性』という単行本が出ていたが、ドラマでは堀に直接取材したエピソードなどまじえて、堀の青年時代を中心に描いたのである。

脚本は宇津木澄、出演は木下秀雄、中村紀子子《きねこ》であった。

四三年の四月から、ラジオドラマ番組としては新しく「文芸劇場」(日曜日、午後一〇・一五～一〇・五八)が誕生した。

内外の文芸作品をドラマ化するものだが、七月一四日、わたしは江戸川乱歩の「心理試験」を担当した。

「心理試験」は、江戸川乱歩の初期の短篇で、大正一四年（一九二五）の『新青年』二月号に発表されたものである。ウソ発見器のない頃の話で、捜査官が意味のない単語のあいだに犯罪に関係のある単語をまぜて、被疑者に、それぞれの単語から連想するものを答えさせながら反応を確かめるというもの。この心理試験を逆手にとって捜査を混乱させようとする知能犯と、明智小五郎の智慧くらべが面白い。

ドラマは山村正夫の脚色、出演は湯浅実、内山森彦、尾崎勝子らであった。

この「文芸劇場」では推理物ではないが、松本清張の「或る『小倉日記』伝」を尾崎甫の脚色で一二月一日、わたしが演出している。当時の新聞紹介によれば、この松本清張の芥川賞受賞作がドラマ化されたのは、はじめてであったという。

●――国境から来たセールスマン

昭和四四年（一九六九）、わたしは「文芸劇場」「芸術劇場」など一四本のラジオドラマを演出しているが、推理ドラマ特集はお休みである。

松本清張の「石の骨」（四月二七日「文芸劇場」）は、日本に旧石器時代があったと主張するアマチュアの考古学者の執念を描いたもので推理物ではない。

「芸術劇場」（七月一九日）の「残された影」の方がミステリーに近いかも知れない。

映画の脚本家・監督である尾崎甫《はじめ》のオリジナル脚本である。

若い画家が山で遭難し行方不明になる。残された妻と母親は、それぞれに画家を愛しているのだが、母親には、画家がいつものように家の中にいるのが見えるという。そして、それを幻だという嫁に対して、愛が足りないから見えないのだと非難する。いるはずのない一人の男をめぐる嫁と姑の反目、人間の生と死をミステリアスに描いたものだった。

この年は、山村正夫、中島河太郎、日影丈吉、海渡英祐《かいとえいすけ》、それにわたしを加えた推理史話会で、謎の古代史シリーズを新人物往来社から刊行することになった。松江以来の郡山政宏が、新人物往来社の編集者をしていた時期で、彼の企画したものだった。

第一巻は「謎の女王国」で松本清張の序文がついている。

以下、「謎の日本誕生」「謎の古代争乱」と続いた。

学習院大学の歴史学者・黛弘道（当時は助教授）の助言を受けながら、古代史を推理するもので、「謎の女王国」では、わたしは懐かしい松江に縁がある出雲をとりあげ「耶馬台国と出雲」を執筆した。

この歴史を推理するシリーズは大いに期待したが、出版社の都合により三巻のみで終ったのは残念であった。

四四年、テレビでも推理・SF物で、これといったものはない。NHKテレビの連続ドラマ（月〜金、午後九・〇〇〜九・三〇）で翻訳推理ドラマを三本制作したのが目につく程度である。

七月二八日〜八月一日「ママに贈る大事件」原作・クレイグ・ライス、脚色・土井行夫、出

演・左幸子、佐分利信、演出・岡本憙侑

八月四日〜八月八日「真夏の日食」原作・アンドリュー・ガーヴ、脚色・大津皓、出演・芥川比呂志、香川京子、演出・吉田直哉

八月一一日〜一五日「素晴らしき罠」原作・W・ピアスン、脚色・林秀彦、出演・伊丹十三、夏圭子、演出・成島庸夫、川村尚敬《なおのり》

昭和四五年（一九七〇）四月四日「海外ラジオドラマ特集」でアンジェイ・シプルスキー作の「国境から来たセールスマン」を演出した。

海外ラジオドラマ特集というのは、海外のラジオドラマ・コンクール、例えばイタリア賞などに入賞した外国ドラマを翻訳したものを集めたものである。

外国、とくにヨーロッパではラジオドラマの地位が高く、日本のようにテレビの脇役といった感じはまったくない。それだけに製作される本数も多く、質も高いので、NHKのラジオでは、毎年のようにそうした海外ドラマの秀作を翻訳して放送している。

「国境から来たセールスマン」の作者がどのような経歴の人か分からないが、恐らくどこかの海外コンクールで入賞した人で、ヨーロッパでは有名なラジオ作家かも知れない。

平凡なセールスマンのマックスは突然、秘密警察に逮捕され、スパイであることを自白するよう強要される。まったく身に覚えのないマックスは否定するが、次から次へ出される証拠、証言に、なんとなく自分がスパイであるような気になってしまう。

実は、これは軍が行った実験で、はたから強制されるうちに自分自身が分からなくなって行く

過程を調べていたのだという、恐ろしいドラマだった。
井上昭文演じるマックスの愚直さが秀逸であった。

●――ドイルからブラッドベリまで

昭和四五年（一九七〇）には二つの推理ドラマシリーズを組んだ。一月と八月である。
一月は推理作家による書下し推理ドラマで、佐賀潜「冬の雨」、笹沢左保「旅人の主題」、邦光《くにみつ》史郎「一匹狼」、眉村卓「仕事下さい」の四本である。放送時間は日曜日、午後一〇・一五～一一・〇〇の第一放送。
一月四日「冬の雨」作・佐賀潜、出演・南原宏治、柳川慶子、演出・上野友夫
一月一一日「旅人の主題」作・笹沢左保、出演・青柳ひで子、久米明、演出・香西久
一月一八日「一匹狼」作・邦光史郎、出演・梅野泰靖《やすきよ》、水原英子、演出・和田浩明
一月二五日「仕事下さい」作・眉村卓、出演・鎌田吉三郎、中村加奈子、演出・角岡正美
佐賀潜の「冬の雨」は、検事の友人が女と心中した。だが友人の妻は死因に疑いを持ち検事に相談した。検事は調査を進めるうちに、どうやら友人は擬装心中させられたらしいと推理し、犯人の割り出しにかかるという裁判物である。
笹沢左保の「旅人の主題」は作者が書下しの長篇推理小説を書く段階で、一足先にラジオドラマにしたもので、放送後、単行本として出版された。

この方式はこちらにとっても、作者にとっても出版社にとっても損はない。ラジオドラマの脚本料は安いので、作者はあらかじめ雑誌に掲載するか単行本として出版するかを決めておき、まずラジオドラマとして書く。そして放送が終って、今度は小説として書いて出版社に渡す。作者にとってはこれで脚本料の安さがカバーされるし、こっちは作者のオリジナル脚本が戴ける。出版社では先にラジオで宣伝してくれるようなものだから、これもありがたいという具合である。

八月の推理ドラマ特集は海外物で、コナン・ドイルの「赤毛組合」、ダシール・ハメットの「赤い収穫」、アガサ・クリスティの「砂に書かれた三角形」、カトリーヌ・アルレーの「目には目を」、そしてSFとしてレイ・ブラッドベリの「風」の五本である。放送時間は日曜日、午後一〇・一五～一一・〇〇の第一放送。

八月二日「赤毛組合」原作・コナン・ドイル、脚色・伊馬春部《いまはるべ》、出演・仲谷昇、加藤和夫、演出・香西久

八月九日「赤い収穫」原作・ダシール・ハメット、脚色・矢野徹、出演・木下秀雄、里見京子、演出・上野友夫

八月一六日「砂に書かれた三角形」原作・アガサ・クリスティ、脚色・人見嘉久彦《かくひこ》、出演・川口すみれ、松岡与志雄、演出・三浦達雄

八月二三日「目には目を」原作・カトリーヌ・アルレー、脚色・早坂久子、出演・田島和子、大塚国夫、演出・田中賢二

八月三〇日「風」原作・レイ・ブラッドベリ、脚色・戸口茂美、出演・天野有恒、山田昌、

演出・角田正美

「赤毛組合」は、赤毛の男を求めるという奇妙な広告の裏にかくされた巧妙なトリックを、おなじみのシャーロック・ホームズが見破るというもの。

「赤い収穫」はダシール・ハメットのコンチネンタル・オプものの代表作である。

コンチネンタル探偵社の調査員という意味のコンチネンタル・オプ、つまり名なしの探偵である。この探偵は非情なまでに職務に忠実、そのためには荒っぽいことも辞さないというハードボイルドそのもの、そのコンチネンタル・オプが、ギャングの組織にもぐり込んで、依頼主の新聞社社長を殺した犯人をつきとめるというドラマである。

アガサ・クリスティの「砂に書かれた三角形」、カトリーヌ・アルレーの「目には目を」は、イギリスとフランスの二人の女流推理作家のもので、クリスティはアリバイを如何に成立させるか、アルレーは財産分配をめぐる男女の争いを描いている。

ブラッドベリのSFは「風」で、ヒマラヤの奥地〝風の谷〟の秘密を知った男が危険にさらされるという恐怖物語である。

この「海外推理ドラマ特集」を紹介した『中日新聞』は、放送予定などを紹介した後で、

「……（前略）担当の上野ディレクターは『推理小説ファンには聞きのがせないものでしょう。女性推理作家のアガサ・クリスティとカトリーヌ・アルレー、そしてレイ・ブラッドベリは今も活躍中、現代の推理ドラマの珠玉集ともいえるほど各派の代表作ばかり集めましたので大いに楽しんでいただけると思います』と自負している」

と書いている。

●——別れがつらい

昭和四五年（一九七〇）NHKテレビは、連続ドラマで海外推理小説を四本翻案してドラマ化している（午後九・〇〇〜九・三〇）。

八月三日〜七日「闇からの声」原作・イーデン・フィルポッツ、脚色・宮本研、出演・東野英治郎、水野久美、演出・樋口昌弘、松沢健

八月一〇日〜一四日「影の顔」原作・ボワロー＝ナルスジャック、脚色・中沢昭二、出演・二谷英明、久保菜穂子、演出・広瀬満

八月一七日〜二一日「砂の城」原作・フレッド・カザック、脚色・倉本聰、出演・目黒祐樹、松岡きっこ、演出・村上慧

八月二四日〜二八日「霧の壁」原作・フレデリック・ブラウン、脚色・石松愛弘《よしひろ》、出演・中山仁、北林早苗、演出・伊神幹

フィルポッツは本格推理小説として有名な「赤毛のレドメイン家」の作者だが、この「闇からの声」は、犯人は最初から推測がつくが、その犯人と隠退した名刑事の智慧くらべがスリルとサスペンスを生んでいる。

「影の顔」のボワロー＝ナルスジャックは、実は二人の作家である。ピエール・ボワローとトー

マ・ナルスジャックである。この作者のものでは、クルゾーの映画になった「悪魔のような女」の方が有名だろう。

「砂の城」のフレデリック・ブラウンは、アメリカ探偵作家クラブ賞を「シカゴ・ブルース」で受賞し、その後、SFでも「発狂した宇宙」「火星人ゴーホーム」などの作品を発表している。

この連続ドラマでは、翌昭和四六年の三月一日〜一九日まで、松本清張の「ゼロの焦点」を石堂淑郎の脚色、十朱幸代、露口茂の出演で放送している。

昭和四六年（一九七一）の正月、ラジオの特集は「秘境冒険シリーズ」である。一日、二日、三日、の三夜で、放送時間は午後一〇・〇〇〜一一・〇〇の第一放送。

一日「幻のエルドラド」（原作・グレイアム、脚色・佐藤竜太、出演・名古屋章、湯浅実、演出・田中賢二）南米の黄金郷エルドラドを求めて、冒険の旅を続けるスペイン人ケサーダの物語。

二日「砂漠の謎」（原作・オプルーチェフ、脚色・中沢昭二、出演・木下秀雄、巌金四郎、演出・上野友夫）ソビエトの地質学者であるオプルーチェフが書いた中央アジア敦煌《とんこう》の千仏寺院探険の記録。

三日「潜水艦ノーチラス極点にあり」（原作・W・アンダースン、脚色・西沢実、出演・臼井正明、西国成男、演出・香西久）一九五八年、北極点の海中を通過したアメリカ原子力潜水艦ノーチラス号の物語。

この正月特集番組を企画した後、「文芸劇場」でジョン・ゴールズワージーの「陪審員」、「芸術劇場」で丸山能里枝作「やがて電話が鳴る時」、「物語」で黒木純吉の「野馬のいる日記」を担当した。
「陪審員」は一種の裁判ドラマ、「やがて電話が鳴る時」は心理サスペンス、「野馬のいる日記」は戦争末期、軍隊を脱走した兵士の話と、いずれも推理物ではないが、その色彩の強いドラマであった。

そして七月上旬、ラジオドラマ班のデスクを務めていたわたしは、思いもかけぬ、それこそ驚天動地の辞令を受けることになったのである。
「アナウンス室副主管を命ず」

アナウンサーでもないわたしがアナウンス室に行って何をするのだ。副主管といえば課長級だから出世は嬉しいが、ラジオドラマの演出が出来ないのは身を切られるように辛い。

仕事は、アナウンス室で芸能関係のデスクをするのだという。ドラマや音楽の担当部課から、これこれの番組にアナウンサーをフィックスしたいとか、誰々アナウンサーをお願いしたいとか要請があれば、その希望にそうようにアナウンサーのスケジュールを決める。

こうしたデスクの仕事は、アナウンス部内の情勢に通じた古手のアナウンサーがやるものだとばかり思っていた。わたしだけではなく、誰もがそう思っていたので、わたしのアナウンス室トレードは一寸した話題となった。

何しろ芸能関係の部課からアナウンス室のデスクになるのは、わたしがはじめてなのだ。

広島にいた頃、アナウンサーと同行取材に行くと田舎のお婆さんから「一生懸命頑張って早くアナウンサーになれるように」とはげまされたことがある。放送局ではアナウンサーが一番偉いと思っている人が多いから、アナウンス室に行けるのは、大出世ということになろうか。

かくして昭和四六年から四九年までの三年間、わたしはアナウンス室で芸能デスクを務めることとなった。

ラジオドラマよ、いとしの推理SFドラマよ、さらば、二度と会うことはないだろう、歌謡曲風にいえば、それが運命《さだめ》というものか、わたしにはそう思えるのだった。

■第五章

名探偵は生きていた

昭和47年〜昭和60年

◉――名探偵は甦えるか

昭和四六年（一九七一）七月、わたしはラジオドラマに別れを告げて、アナウンス室の芸能デスクに就任した。

ところが皮肉なもので、そんなわたしに、ラジオドラマの専門書を書けという注文が舞い込んできた。

一つは毎日新聞社で『音の世界』、ラジオドラマを中心にしたオーディオ学入門という本であり、もう一つは、シンコー・ミュージック社の『ラジオドラマの実際』、ヤングのためのオーディオ入門書である。

『音の世界』は毎日新聞の出版部にいた大野哲郎の世話によるものであった。

大野哲郎は記者であると同時に、ＮＨＫの脚本研究会出身の放送作家でもあり、その縁でわたしに話をもってきてくれたのである。

『ラジオドラマの実際』は前述した、元探偵雑誌の主宰者で、マスコミに作家の代理として原稿を売り込む仕事をしていた本多喜久夫の口ききによるものである。

本多喜久夫は、わたしの推理小説を映画プロデューサーの柳川武夫に売り込んでくれたのが縁で親しくつき合うようになり、わたしのところに色々な作家を売り込みにきた。同時にわたしの原稿も各出版社に持ち込んでくれた。

いや、わたしの場合は、企画といった方がいいだろう。

わたしのアイデアを本多喜久夫がまとめて出版社と交渉し、成立したら執筆するという方式で、勿論、約束のパーセンテージは本多喜久夫に支払うことになっていた。推理小説よりむしろドキュメントや時代物の方が多く、自動車運転法などという変ったジャンルの単行本も何冊か書いた。

本多喜久夫は『ラジオドラマの実際』を準備し、出版のはこびになった昭和四八年の三月に急死した。

この年の前後、本多喜久夫のエージェントで出版されたわたしの本は『天下御免の男』（日本文華社）、『飛鳥の謎』（徳間書店）、『勝海舟と維新の志士』『オホーツク探険史』『国盗り合戦』（三冊とも波書房）、そして『ラジオドラマの実際』がある。

『天下御免の男』『勝海舟と維新の志士』『国盗り合戦』などは当時の人気テレビ番組がらみ、『飛鳥の謎』は飛鳥で発見された古墳について、『オホーツク探険史』は北方領土問題と、その時々の動きを読んだ企画で、本多喜久夫の目の確かさが判るだろう。

さて、アナウンス室でデスクとしては昭和四七年（一九七二）の大河ドラマ「新・平家物語」のナレーション担当のアナウンサーを誰にするかなど、古巣のドラマ部と交渉したりしたが、四月、連続テレビドラマ「明智探偵事務所」がスタートし、乱歩ファンのわたしは大いに期待した。

ところが、この大阪制作のドラマは、明智小五郎が現代に甦えり、チャキチャキの若者グループと何やら関係があって、さまざまな事件を若者達と一緒になって解決するという、ユニークといえばユニークだが、明智小五郎は、すでに伝説化した人物、その時代背景があってこそ生きてくることを思えば、名探偵のオールドファンにとってはいささか拍子抜けであった。従って、江戸川乱歩は原作ではなく原案となり、福田善之、中島貞夫と演劇・映画の俊才が脚本を担当、出演は夏木陽介、田村奈巳《なみ》、米倉斉加年《まさかね》など、演出は山田勝美、佐藤満寿哉、北村充史《みつふみ》であった。

◉――太陽にほえろ

「明智探偵事務所」がスタートした昭和四七年（一九七二）の八月一六日、二三日と二回連続で、NHKは「水曜ドラマ」で結城昌治の「幻の殺意」を石松愛弘の脚色で放送している。江原真二郎、岩本多代の出演、松沢健の演出、名古屋局の制作であった。

しかし、この年の話題といえば、走って走って走りまくるアクション推理ドラマ「太陽にほえろ」（NTV）が七月二一日にスタートしたことだろう。

警視庁七曲署という架空の警察署に巣喰う刑事《デカ》は、ボスの石原裕次郎に率いられて大活躍、露口茂、下川辰平など渋いところから、萩原健一、松田優作、勝野洋、宮内淳、小野寺昭、山下真司、沖雅也らのカッコいい若者を揃えて、たちまち人気番組にのし上った。

架空の警察署といえば、エド・マクベインの「87分署」があるが、「太陽にほえろ」は、この「87分署」や「ダーティ・ハリー」などを意識して作られた。

このドラマでは人気のある若手俳優を起用し、最後は必ず殉職させてしまう。他の作品とのかね合いでスケジュールが苦しくなると適当に殺してつじつまを合わせるのだが、やがて、この殉職の殺され方が人気を呼び、俳優も、如何にカッコよく殺されるか苦心するようになった。マカロニ刑事（萩原健一）、ジーパン（松田優作）、テキサス（勝野洋）、スコッチ（沖雅也）、ボン（宮内淳）、殿下（小野寺昭）、スニーカー（山下真司）など、入れかわり立ちかわり、カッコよくあるいは残酷に殺されて行ったのである。

こうした話題作りの巧さもあって、「太陽にほえろ」は長期安定政権として君臨していくのである。そして石原裕次郎の弟分、代貸しの渡哲也が、「太陽にほえろ」の分家「西部警察」を盛り立てて行くのだ。

昭和四八年（一九七三）、NHKの「銀河テレビ小説」（月〜金、午後一〇・一五〜一〇・三〇）で、四月二日から連続三〇回で松本清張の「波の塔」が放送された。砂田量爾の脚色、加賀まり子、浜畑賢吉、堀雄二の出演、演出は岡崎栄、都成《となり》潔であった。

一方、わたしの古巣のラジオでは、七月七日から「内外SF傑作選」を「文芸劇場」の特集として制作している。

七月七日「冷たい方程式」原作・トム・ゴドウィン、脚色・川崎洋、出演・若杉浩平、富田悦子、演出・角岡正美

七月一四日「幻想の未来」原作・筒井康隆、脚色・山元清多、出演・鈴木智、演出・和田智《とも》允《みち》

七月二一日「日本アパッチ族」原作・小松左京、脚色・鶉野《うずの》昭彦、出演・端田宏三、北村英三、演出・香西久

七月二八日「結晶世界」原作・J・G・バラード、脚色・能勢紘也、出演・森幹太、草間靖子、演出・伊神幹

八月四日「マイナスゼロ」原作・広瀬正、脚色・西沢実、出演・小林昭二、加藤道子、演出・三浦達雄

昭和四九年（一九七四）四月からNHKテレビは一味違った連続ドラマ「帽子とひまわり」の放送を開始した。

法律事務所の弁護士と調査員が主人公というとおきまり裁判物かと思うが、このドラマでは犯罪はあるが、ごく日常に起こる事件をめぐる庶民の哀歓、いわば現代風俗を描くことに重点を置いている。日本弁護士連合会の協力を得ているだけに、荒唐無稽な筋立てはないが、じっくりと事実を基にしての弁護士物語で、地味だが好ましいシリーズだった。

出演は伴淳三郎、林隆三、高橋悦史、樫山文枝、演出は、深町幸男、北島隆などであった。

題名のひまわりは弁護士のバッジの模様、帽子は調査員の帽子、いつも外をかけずり廻るので帽子がいるという意味だそうだ。

この年、昭和四九年七月、わたしは古巣のドラマ部へチーフディレクターとして復帰することになった。

今は故人となった高木アナウンス室長の配慮で、三年よくやったから好きなところへ帰してやるよ、これは室長の言葉だが、その内示を受けた時、全身がわなわなとふるえるほどの嬉しさで、思わずほっぺたをつねった。

高木室長はそれから間もなく職を辞し、数年後、死去、今でも、何度か訪れた室長の家の方角には足を向けては寝られない気持である。

◉――推理SFドラマよ再び

わたしが昭和四六年、アナウンス室の副主管になったのは三〇代の最後、再びラジオドラマの現場に戻って見ると四二歳、間もなく四三歳になろうとしていた。NHKに入って丁度二〇年たったことになる。停年までラジオドラマの演出をさせてもらえるとして三分の二は過ぎてしまった。

入局以来の念願だった推理SFドラマの演出に一そう磨きをかけ、同時に、わたしなりの完成をめざす時期に来ているなという感じがした。

幸い相棒のチーフプロデューサーの沖野瞭は、広島以来の仲で推理小説やSFが大好きだという男、大いにやろうと誓い合った。

この当時、ドラマ部ではテレビは各番組別に班が分かれており、一班は一〇名から一五名程度、企画・予算・勤務管理等の責任者チーフプロデューサーと、演出の実際と指導を担当するチーフディレクターの二人で班の運営に当るシステムになっていた。

最近ではNHKも御多分にもれず高齢化、一班に管理職であるチーフディレクターがぞろぞろいて、一般職の方が少ないという頭でっかちの構成になりつつある。

わたしがラジオドラマに復帰した頃は、まだチーフプロデューサー、略してCP、チーフディレクター、略してCDが一人ずつで、このCPとCDが力を合わせれば、大抵の企画は実現出来る状態だった。

この年、昭和四九年の八月以降の予定は大半すでに決められていたので、わたしはもっぱら若いディレクターの仕事ぶりを見ることにし、四九年には「文芸劇場」を一本演出しただけだった。小島信夫の「スキット」で、丸山能里枝の脚色、里見京子、斉藤隆の出演であった。

そして翌昭和五〇年（一九七五）、わたしは正月特集として連続三夜、「奇妙な味の物語」を制作した。いずれもヘンリー・スレッサーのもので、放送時間は午後一一・〇〇〜一一・二〇、第一放送である。

一月一日「猫の子」――ハンサムな青年の父親が実はアンゴラ猫で、青年は婚約した娘に、どうやってその秘密を明かそうかと苦心する話、出演は岸田今日子。

一月二日「アンドロイドの恋人」――アンドロイド（合成人間）を妻にした男が、絶対忠実であるように調節した筈の妻に裏切られるという話、出演は竹内三郎アナウンサー。

一月三日「愛犬」――妻は小さい時、愛犬をけしかけて嫌いな男の子を襲わせたことがある。その妻が今、夫の臭いのついたジャケットを猛犬にかがしているという話、出演は伊藤幸子。

作者のヘンリー・スレッサーはアメリカの推理作家で、短篇小説の名手として知られている。それもひねりをきかした奇妙な物語が得意で、『エラリー・クイーン・ミステリーマガジン』『ヒッチコック・マガジン』から『プレイボーイ』『コスモポリタン』などの雑誌に四〇〇篇の短篇小説を発表している。

正月早々、推理物は如何なものかとも思ったが、スレッサーの三篇は恐怖の中にもシャレが効いているので、オトソで酔っぱらった頭には適当な刺戟になっていいだろうということにした。

四月には「海外推理ドラマ特集」を「文芸劇場」の枠の中で特集した。

四月五日「おれはチャンピオン」原作・ノエル・カレフ、脚色・久保田圭司、出演・尾藤イサオ、田島令子、演出・上野友夫

四月一二日「暁の死線」原作・コーネル・ウールリッチ、脚色・能勢紘也、出演・森本レオ、田坂都、演出・伊藤豊英

四月一九日「黄金の檻」原作・カトリーヌ・アルレー、脚色・石山透、出演・津坂匡章《まさあき》、音無美紀子、演出・山本壮太

四月二六日「メグレ罠を張る」原作・ジョルジュ・シムノン、脚色・須藤出穂、出演・小池朝雄、河原崎長一郎、演出・斎明寺以玖子

ウールリッチ、アルレー、シムノンはすでによく知られた推理作家だが、わたしが担当した「チャンピオン」のノエル・カレフは一寸ばかり毛色が変っている。

カレフはフランスの映画脚本家が本職なので、彼の書くサスペンス物は極めて映画的な手法が使われているのが特長である。推理小説を書いたのは一九五六年の「その子を殺すな」がはじめてで、ほとんど同時に「死刑台のエレベーター」を発表、これはルイ・マル監督の映画になって評判を呼んだ。

「おれはチャンピオン」は、ノエル・カレフの小説「名も知れぬ牛の血」をドラマ化したのである。

「奇蹟のキッド」と呼ばれるボクサーが、念願のライト級チャンピオンとなり、美しい女性と知り合いになる。ところがその女が何者かに殺され、ボクサーが犯人だと疑われる。容疑を晴らすためにボクサーは殺された女の友人の女優と犯人探しに乗り出すのだが、さて、その意外な結末は？

映画を見るようにスピーディな話の展開、ラジオドラマははじめてだという、尾藤イサオのいかにも血の気の多いボクサーらしい演技がリアルで、それだけに最後のどんでん返しが生きていた。

●──連続ラジオ小説スタート

昭和五〇年（一九八〇）のＮＨＫのラジオドラマは、久し振りに推理・ＳＦ・冒険物のオンパレードとなった。

四月の「海外推理ドラマシリーズ」に続いて、「文芸劇場」では六月「海洋・冒険シリーズ」を編成した。

六月七日「総員下船せよ」原作・ハモンド・イネス、脚色・山元清多、出演・山田康雄、平井道子、演出・千葉守

六月一四日「アフリカの女王」原作・C・S・フォリスター、脚色・石山透、出演・草間靖子、園田裕之、演出・樋口礼子
六月二一日「高い砦」原作・デズモンド・バグリー、脚色・矢野徹、出演・江守徹、鈴木弘子、演出・小山正樹
六月二八日「黄金のランデブー」原作・アリスティア・マクリーン、脚色・西沢実、出演・遠藤征慈、田坂都、演出・佐藤幹夫

そして一一月には「推理ドラマシリーズ」と続くのである。

一一月八日「鴉」原作・横溝正史、脚色・土井行夫、出演・佐藤英夫、溝田繁、演出・小川紀元
一一月一五日「夜毎の恐怖」原作・海野十三、脚色・丸山能里枝、出演・吉野佳子、幸田弘子、演出・上野友夫
一一月二二日「心理試験」原作・江戸川乱歩、脚色・川崎九越、出演・綿引洪、剛達人《ごうたつひと》、演出・前田充男

このうち名古屋制作の「心理試験」は放送でも何度かとりあげたものだが、横溝正史の「鴉」と海野十三の「夜毎の恐怖」は推理小説ファンでもあまり知らない小説だろう。
「鴉」は昭和二六年七月号の『オール読物』に掲載されたもので、名家の邸内にまつられた社の神様のお使いとされている鴉が、何者かに殺されたことから起こる怪事件をおなじみ金田一耕助が解決するというもの。

海野十三の「夜毎の恐怖」は作者にとっても珍らしいサスペンスもので、新妻が、どうやら夫は二人いるらしいとの妄想を抱き、悪い方の夫を殺そうとするが、果して夫は二人いたのかとハラハラドキドキさせる。

この作品は昭和二三年に中部日本新聞社発行の冊子『特選夏の物語集』に掲載された短篇で、ドラマが放送される六年前の昭和四四年に新人物往来社が出した『恐怖への招待』という恐怖小説を集めた単行本にも載っている。多岐川恭を著者代表としたこの『恐怖への招待』は、新人物往来社の郡山政宏の相談を受けてわたしが掲載作品をセレクトしたアンソロジーで、多岐川恭の「からす」、山田風太郎の「冬眠人間」、矢野徹の「海月状菌汚染」などと共に、わたしの「ゴリラ」という短篇もおさめられている。

「夜毎の恐怖」は中島河太郎の『戦後推理小説総目録』には見当らず、恐らく戦前の作品が戦後に地方新聞社の発行物へ再掲載されたように思うのだが、戦前の海野十三の著作目録にも「夜毎の恐怖」のタイトルは見当らない(後になって題名を変えたのであろうか)。

この年、わたしと沖野瞭CP、デスクの伊藤豊英とは、単発もののサスペンスだけでなく、長期にわたる連続ラジオドラマサスペンス物をやろうと企画、とりあえず八月に特集として一五分で一二回連続の「連続ラジオ小説・悪魔が来りて笛を吹く」を制作することにした。

横溝正史の原作の知名度もあり、かつフルートがいずこからともなく悪魔のメロディをかなで来ると恐ろしい殺人が起こるという、ラジオ向きの題材だったので選んだのである。

佐久間崇の脚色、宍戸錠、津山登志子の出演、演出は小山正樹、千葉守であった。

この「連続ラジオ小説」は好評で、若い聴取者からの反応が多かった。

民放は完全にラジオドラマを見捨て、NHKでも連続ものは、わずかに、森繁久弥・加藤道子の「日曜名作座」だけといった状態の中で、サスペンス物でやれば長期連続のラジオドラマも可能ではないか、ターゲットは若い人達にしぼろう、これがわたし達の結論だった。

◉——男たちの旅路

連続ラジオ小説「悪魔が来りて笛を吹く」が好評だったので、翌昭和五一年（一九七六）の正月五日から一七日まで一二回の連続で、江戸川乱歩の「黒蜥蜴」をとりあげることにした。

「黒蜥蜴」は乱歩が戦前、昭和九年に『日の出』に連載した長篇で、黒蜥蜴の入墨をした美貌の女賊と名探偵明智小五郎の智慧くらべが売り物だが、昭和四三年に松竹演劇部が歌舞伎座で公演、その時の女賊に丸山明宏が扮して話題を呼んだ。

しかし舞台公演はこれがはじめてではなく、昭和三七年に同じ三島由紀夫脚色、松浦竹夫演出で産経ホールで上演されている。この主役は水谷八重子、そして同じ年に、大映で映画化されている。京マチ子の主演、監督は井上梅次だった。

産経ホールの公演も映画もそれほどの人気ではなかったが、四三年の歌舞伎座公演は、丸山明宏という見かけは女性だが中味は男である歌手が、本物の女性を演じるという倒錯した興味、それに、その方面でとかくの噂がある三島由紀夫の脚本だという、なにやら妖しい取合わせで評判となった。
そしてNHKラジオの「黒蜥蜴」の出演者も異色で、唐十郎、李礼仙、佐藤蛾次郎、演出は平野敦子だった。
続いて八月には同じく一二回連続で、横溝正史の「悪魔の手毬唄」を、緒形拳、長門勇、林美智子の出演、演出・伊藤豊英で制作した。
この前後、NHKテレビでは「土曜ドラマ」（土曜日、午後八・〇〇～九・〇〇）でサスペンス物を制作している。
昭和五〇年は、「松本清張シリーズ」。
一〇月一八日「遠い接近」脚色・大野靖子、出演・小林桂樹、荒井注
一〇月二五日「中央流砂」脚色・石松愛弘、出演・中村玉緒、川崎敬三
一一月一日「愛の断層」脚色・中島丈博、出演・平幹二郎、香山美子
一一月八日「事故」脚色・田中陽造、出演・山本陽子、佐野浅夫
演出は和田勉、岡田勝、松本美彦で、「遠い接近」は芸術祭の優秀賞、プラハ国際フェスティバル金賞を受賞した。
昭和五二年（一九七七）の「土曜ドラマ」ではサスペンスシリーズとして四本を制作した。
一月八日「閃光の遺産」原作・三好徹、脚色・山田正弘、出演・井川比佐志、藤圭子、演出・和田勉
一月一五日「高層の死角」原作・森村誠一、脚色・立原りゅう、出演・藤岡弘、新藤恵美、

演出・清水満
一月二二日「轢き逃げ」原作・佐野洋、脚色・高橋玄洋、出演・松坂慶子、竹脇無我、演出・宮沢俊樹
一月二九日「暗い落日」原作・結城昌治、脚色・石堂淑朗、出演・高橋幸治、佐分利信、演出・樋口昌弘

この「土曜ドラマシリーズ」では、サスペンスものではないが、ガードマンを主人公にした「男たちの旅路」を五一年、五二年と制作している。ガードマンが主役だから色々な事件が起こり、サスペンスものとしての興味もあるが、このドラマの狙いはあくまでも鶴田浩二扮する吉岡司令補の人間性の追求にあった。

戦争体験者として罪の意識を持ちながら、部下の若いガードマンのいい加減な生き方を見ると、つい昔風の精神訓話が出てしまう。若者にとっては昔をなつかしむだけのガンコ親父に見えて反撥を感じるが、つき合っているうちに吉岡司令補のあたたかい人間味に共感を持つようになる。

ここに登場する吉岡司令補は昔ながらの強い男、若者にとってはガンコ親父なのだ。ズケズケと欠点を指摘する。ミスをすれば容赦なくどなりつける。今、父親が失ったものを、吉岡司令補は持っているのだ。

松竹時代の甘い二枚目、そして東映のヤクザスターだった鶴田浩二の新しいキャラクターをひき出した山田太一の脚本が見事であった。

五一年の「男たちの旅路」は、二月二八日「非常階段」、三月六日「路面電車」、三月一三日

「猟銃」の三本で、いずれも出演は鶴田浩二、森田健作、水谷豊、桃井かおり、演出は中村克史、高野喜世志であった。

そして、好評に応えて五二年には、二月五日「廃車置場」、二月一二日「冬の樹」、二月一九日「釧路まで」と、同じ作者、同じスタッフで放送されている。

◉――夜のサスペンス

昭和五一年（一九七六）から五三年（一九七八）まで、わたし達は二五分の読切り、ラジオだから聞き切りとでもいおうか、単発の推理ドラマ「夜のサスペンス」を制作した。

毎週木曜日の午後九・〇五〜九・三〇の第一放送だが、プロ野球のナイター中継がのびると放送中止となる。雨で野球がなければ放送される、いわゆる雨傘番組だから、雨が降るのか、野球は中止なのか、時間は延長になるのか、自分が担当した「夜のサスペンス」が放送される夜は、正にサスペンスそのものだった。

第一回の放送は四月八日、森村誠一の「集合凶音」、森塚敏《びん》、三田和代の出演であった。

このシリーズでわたしは四本担当した。

九月九日「失われた顔」原作・脚色・山村正夫

一〇月七日「アカベ伝説の島」原作・西村京太郎、脚色・佐久間崇

この二本は同時に録音したので、出演者は川辺久造、小川真司、吉野佳子と共通である。

五二年一〇月六日「新赤毛連盟」原作・鮎川哲也、脚色・横光晃、出演・木下秀雄、吉野佳子

一一月二六日「狂った時計」原作・脚色・山村正夫、出演・小林勝也、吉野佳子

この中では「狂った時計」が好評で、その後、数回再放送された。

昭和五一年（一九七六）の六月の「文芸劇場」は又しても推理ドラマ、推理物の嫌いな聴取者にはうんざりされるかも知れないが、今回は「海外ハードボイルド特集」である。

六月四日「ディーン家の呪い」原作・ダシール・ハメット、脚色・久保田圭司、出演・小山田宗徳、三浦真弓、演出・上野友夫

六月一一日「緊急深夜版」原作・W・P・マッギヴァーン、脚色・長坂秀佳、出演・柴田洸彦、久松保夫、演出・樋口礼子

六月一八日「湖中の女」原作・レイモンド・チャンドラー、脚色・石山透、出演・三橋達也、結城美栄子、演出・斎明寺以玖子

六月二五日「裁くのは俺だ」原作・ミッキー・スピレーン、脚色・桃井章、出演・香山美子、上条恒彦、演出・佐藤幹夫

四篇ともよく知られた原作で、「ディーン家の呪い」はコンチネンタル・オプもの。「湖中の女」の収録時、主演の三橋達也と、かつてロバート・モンゴメリィが監督・主演、しかも一人称の映画として作った「湖中の女」についてあれこれ論議したり楽しい一時であった。

面倒くさい謎解きよりも行動が先になるハードボイルド物は、まさにラジオの独壇場で、普通

のドラマより会話のテンポを早め、芝居も映画のふきかえに近いバタくさい発声でやると、そのまま原作の世界に飛び込んでいける。

昭和五二年（一九七七）のラジオドラマの幕明けは、一月二日からはじまる「連続ラジオ小説・新春捕物腕くらべ」一四回のシリーズである。

正月、とある茶屋に集まった捕物名人、むっつり右門、銭形平次、半七老人の三人が、それぞれ捕物自慢をしているところへ、「親分大変だ」と八五郎が飛び込んで来る。そして三人が三様の推理で難事件を解決して行くという趣向である。

第一話は野村胡堂「お綾の罪」、第二話は佐々木味津三の「七七の橙」、第三話は岡本綺堂の「大森の鶏」、この三話の後で、時代考証家の稲垣史生と脚色の大西信行が、捕物の世界のＡＢＣを語り合う。

このシリーズ、実はキャスティングにも趣向がこらしてあって、出演者は一人二役、一話で親分をやれば次の話では子分をやるといった具合だ。

平次と半七の子分庄太に小山田宗徳、右門と平次の子分八五郎に小池朝雄、半七と右門の子分伝六に高橋昌也が扮して大活躍、語り手は独得の節廻し中西龍《りょう》アナウンサー、演出はわたしが担当した。

同じ一月、「文芸劇場」はＳＦ特集を組んでいる。

一月七日「アルジャーノンに花束を」原作・ダニエル・キイス、脚色・横光晃、出演・金内喜久夫、松本典子、演出・千葉守

一月一四日「ヴィーナスの狩人」原作・J・G・バラード、脚色・伊藤海彦、出演・石田太郎、中村伸郎、演出・久保博
一月二一日「ハロー・グッドバイ」原作・ウィリアム・テン、脚色・加藤直、出演・辻万長、幸田弘子、演出・小山正樹
一月二八日「青白い月」原作・脚色・眉村卓、出演・若杉浩平、たかべしげこ、演出・角岡正美

四篇ともよく知られたSF小説だが、「アルジャーノンに花束を」のダニエル・キイスはこの一篇によりSF界で注目された作家である。実は、この原作には中篇と長篇の二つがある。白痴の青年が脳手術により天才になり、また元に戻るというストーリーは変らないが、長篇の方が登場人物が多くなっている。

題名の「アルジャーノン」というのは、青年より先に脳手術を受けて知能発達した白ネズミの名前である。そして「アルジャーノン」は青年の悲惨な最後を暗示するかのように死んでいくのである。

◉──「事件」と「天城越え」

昭和五二年（一九七七）一月、NHKテレビの「土曜ドラマ」でも「サスペンスシリーズ」を放送したことは前に述べたが、同じ一月、フジテレビでは「怪人二十面相」をスタートさせ、T

BSは四月から「横溝正史シリーズ」、一〇月から「森村誠一シリーズ」と推理ドラマのシリーズをスタートさせている。

四月、NHKの「銀河テレビ小説」では、カトリーヌ・アルレーの「わらの女」を脚色・関功、出演・大空真弓、高橋幸治、演出・佐藤隆、伊予田静弘で二〇回の連続物として放送している。勿論、原作そのままというわけにはいかず日本流に翻案したものである。

昭和五三年（一九七八）四月、一つの注目すべきドラマが放送された。

四月九日から三〇日まで（日曜日、午後八・五〇～九・三五）四回の連続で放送された「事件」である。

大岡昇平の原作を中島丈博が脚色した弁護士物である。

犯罪の奥にひそむ人間の哀しさを、温かい目で見つめる弁護士の役に若山富三郎を起用したことが、このドラマを成功させたといっていいだろう。

一見、物静かだが、うだつのあがらない中年というよりは老人に近い弁護士を、かつてはあくの強さが売り物だった若山富三郎に配役したのは、正直いって冒険だった。見るからに脂切った体軀、道具立てのでっかい顔、ぎょろりとむいた眼、どすのきいた低い声、どう見てもヤクザの親分である。

しかし、若山富三郎は演技力で演出者が求める弁護士になり切った。猫背にかがめた太った体は病気がちのむくみにも見え、ずり落ちそうなヤボな眼鏡が、誠実だがうだつの上らない弁護士を見事に表現した。

演出の深町幸男《ゆきお》は、今やNHKでは和田勉と並び称される名ディレクターだが、かつて映画畑から中途採用され、そのため苦労も多く頭角を表すのに時間がかかった。

若山富三郎の起用についてはそれなりの自信があったのだろうが、恐らく深町幸男が考えた以上に、若山富三郎の出来映えはすばらしいものであった。

そしてこの「事件」により、深町幸男自身の評価も高まり、その後制作される「事件シリーズ」や「夢千代シリーズ」でテレビドラマ演出の第一人者となるのである。

この年、一〇月、「土曜ドラマ」は松本清張シリーズとして次の四本を放送した。

一〇月七日「天城越え」脚色・大野靖子、出演・大谷直子、佐藤慶、演出・和田勉

一〇月一四日「虚飾の花園」脚色・高橋玄洋、出演・岡田嘉子、奈良岡朋子、演出・樋口昌弘

一〇月二一日「一年半待て」脚色・杉山義法、出演・香山美子、藤岡弘、演出・高野喜世志

一〇月二八日「火の記憶」脚色・大野靖子、出演・秋吉久美子、高岡健二、演出・和田勉

演出の和田勉は、昭和二八年にNHKに入局、わたしより一年先輩だが、はじめからテレビ志望であった。テレビが本放送を開始したばかり、まだまだ海のものとも山のものとも分からない時期である。この時期に今日のテレビの隆盛を予見し、テレビドラマの制作現場に身を投じるというのは大変な見識であり勇気のいることだった。

わたしなど考えても見なかったことで、テレビなんてしょせん電気紙芝居だと馬鹿にしていた。いや、わたしだけではなく、当時のラジオドラマの演出者で、テレビをやれといわれた人達は一

様に困惑をかくし切れなかったといわれる。

昭和三〇年一一月二六日放送された、東京・大阪の四ヶ所を結んだ四元生ドラマ「追跡」で、大阪側の演出・小泉祐治のアシスタントをしたのが和田勉と岡本愛彦だった。「追跡」はようやく軌道に乗りかかったテレビドラマが試みたドキュメンタリータッチの追跡ドラマで、内村直也の書き下し、出演は二本柳寛、原聖四郎、東京側の演出は永山弘であった。

和田勉がテレビの修業を大阪でしたことも好運だった。

東京ではラジオの演出から移ったベテランが多く、一本立ちするのには暇がかかるが、その点、演出スタッフの少ない大阪は和田勉にとっては有利だった。入局二、三年で単発ドラマの演出をはじめ、昭和三四年の「現代人間模様」で大阪に和田勉ありの評価を受けて東京に舞台を移すことになる。

「天城越え」は松本清張の短篇をテレビ化したものだが、和田勉はじっくりと薄幸の女の屈折した心理を描き出し、主演の大谷直子が抜群によかった。「天城越え」はこの年の芸術祭の大賞を受賞し、芸術祭男、和田勉の勲章がまた一つふえた。

◉——江戸川乱歩シリーズ①

昭和五三年(一九七八)の一一月から、わたし達は念願の「連続ラジオ小説」の定時化を果たした。

それまでは特集として年間一、二本のシリーズを編成していただけだった。「悪魔が来りて笛を吹く」「黒蜥蜴」などについては前述したが、それ以外では昭和五二年三月二一日〜四月二日までの、手塚治虫のSF巨篇「火の鳥」（黎明篇、未来篇）、五三年一月二日〜一五日までの「火の鳥」（鳳凰篇）などがあった。

そして定時化された「連続ラジオ小説」の第一作は、半村良の「産霊山《むすびのやま》秘録」であった。

半村良は昭和三八年、第二回の「SFマガジン・コンテスト」に「収穫」が入選、SF作家となり、昭和四八年に「産霊山秘録」で第一回の泉鏡花賞を受賞している。

「産霊山秘録」は日本先住の一族「ヒの族」が、隠し持つ超能力で、時として歴史の表面に出る。その活躍を戦国時代から太平洋戦争、そして宇宙時代まで描いた奇想天外な物語である。スケールが大きく、念力移動など空想的な要素が多いので、映画ならともかくテレビでは手におえず、これはやはりラジオドラマの世界といっていいだろう。

この「産霊山秘録」を担当したあと、一二月一一日〜二九日まで一五回の連続で、江戸川乱歩の「黄金仮面」を演出した。

連続ラジオ小説の江戸川乱歩シリーズは、この後、毎年一回、一二月に編成され、昔を懐かしむオールドファンと共に新しく若い人々の支持を受けて六年間、続けることになるのだ。

主題歌の楽譜がほしいという希望と共に、毎回一千通以上の投書があり、一寸した人気番組となった。

「黄金仮面」は昭和五年から六年にかけて『キング』に連載した長篇で、名探偵明智小五郎が、国宝級の美術品を狙う怪盗アルセーヌ・ルパンと対決するという話で、ドラマタイズに際し、わたしは時代も人物もすべて原作のままとした。そのために昭和初期の世相を知らない若い人達のために、当時の社会の動きや物の値段などナレーションに入れたところ、それが意外に好評だった。独得の語り口を持つ中西龍の歌い上げるナレーションが、古きよき時代の探偵ムードを盛り上げてくれたのもよかった。

そして明智小五郎は声優の広川太一郎にお願いした。

広川太一郎はトニー・カーチスのふきかえで、変てこりんな日本語を操る声優だが、わたしはそのスピーディな喋りと美声、それに本当は非常に正確な日本語が喋れる彼に、昭和初期のモダンボーイたる明智小五郎がぴったりだと思ったのだ。

アルセーヌ・ルパンはベテランの久松保夫、久松保夫は昭和三〇年代の人気番組「日真名氏飛び出す」で日真名氏を演じていた。

「黄金仮面」の脚本は大野哲郎で、これ以降の江戸川乱歩シリーズの全脚本を担当した。

「黄金仮面」ではドラマの冒頭にテーマソングを入れた。わたしが作詞し、桜田誠一が作曲し、歌はギャル、レコードのA面は「黄金仮面」、B面が「悪魔のように」、パンチのきいたポップス調の曲で、楽譜がほしいという希望が殺到し、味をしめて以後の江戸川乱歩シリーズのすべてに主題歌をつけた。

「黄金仮面」が好評だったので、翌昭和五四年には土・日を除く月〜金で連続二〇回、つまり一二月一杯使って「魔術師」を放送した。

「魔術師」は「黄金仮面」と同じ昭和五年に『講談倶楽部』に連載したもの、余談になるが、この年昭和五年には乱歩の筆が大いに進んで五本の連載小説をこなしている。「猟奇の果」(『文藝倶楽部』一月号〜一二月号)、「魔術師」(『講談倶楽部』七月号〜翌年五月号)、「黄金仮面」(『キング』九月号〜翌年一〇月号)、「江川蘭子」(『新青年』九月号、連作の第一回)、「吸血鬼」(『報知新聞』九月より翌年三月)。

◉——江戸川乱歩シリーズ②

「魔術師」は、宝石商玉村一家に舞い込んだ殺人予告から、明智小五郎が解決に乗り出そうとして何者かに誘拐されてしまう。

犯人は「魔術師」と呼ばれる怪人物だが、その娘は文代という可憐な女性、いつか明智小五郎に思いを寄せて、父を裏切るが、玉村家の美しい令嬢妙子も又、明智を愛しているという、名探偵モテモテのロマンチックスリラーである。

文代の倉野章子《あきこ》、妙子の吉野佳子と文学座の美人女優に囲まれて明智小五郎の広川太一郎もまんざらではなく、鼻の下をのばしたついでに主題歌のレコードの片面に歌謡詩の朗読を入れている。

主題歌の「恋は魔術師」はベテランの三船浩が久し振りに歌っている。

この「魔術師」について『毎日新聞』の「マイクへの一言」という投書欄に二つの意見が載っ

ていた。

●NHK連続ラジオ小説「魔術師」は実におもしろい。テレビドラマのマンネリ化が目立つ中でラジオの特性である音の効果を実に巧みに出している。また語りにも昭和初期の社会状況がユーモアをまじえて盛りこまれていて毎日たのしく聞いている。

●3日から始まったNHKラジオ小説「魔術師」はラジオの持てる長所を出し尽くしているようです。特に中西アナの独得な語り口に魅せられつい聞き入ってしまいます。とかくテレビにとられがちな時間帯ですが、今後もこのように充実した企画を望みます。

ここでいう時間帯というのは午後九時〇五分から二〇分までの一五分間のことである。

江戸川乱歩シリーズ、昭和五五年の一二月は「吸血鬼」である。

前述したように「吸血鬼」は『報知新聞』の連載小説である。この年、乱歩としては珍しく多作だが、それだけに、この新聞連載については気が進まなかったようだ。

新聞小説は短くても毎日だから、もしも行きづまったらと、それが心配だったのだ。しかし報知側の丁重かつ度重なる口説きで、人のいい乱歩は断り切れずに引受けてしまったという。

「そして結局一回の休みもなく予定通り終ることができた。(とはいうものの、挿絵の岩田君〔岩田専太郎〕には絵組みを渡す日が多く、例によって非常にご迷惑をかけたのだが)ただ休まなかったというだけで書いたものは支離滅裂の困りものであったこと、読者の知るが如くである」

江戸川乱歩はこう書いて謙遜しているが、人妻に想いを寄せる青年が実は吸血鬼であったという結論に持って行くまで、マスクをしている「ドクロ」男、捜査を邪魔するような小説を書く探偵作家、吸血鬼と知らずに想いを寄せる青年の正体は？　などなど、たっぷりとスリルを盛り込んだ面白い小説である。

美貌の人妻に花形恵子、色気のあるしっとりとした声で悩ましてくれた。

主演の広川太一郎は、この「吸血鬼」のテーマソング「撫流西州」（ブルースと読ませる）で、レコード歌手の仲間入り、張りのあるバリトンで気持よく歌っていた。

この「吸血鬼」の脚本は大野哲郎、音楽・桜田誠一、ナレーター・中西龍と変らず、主役の広川太一郎は当然だが、よき相棒の波越警部役の木下秀雄もシリーズ中ずっとレギュラーで出演している。

◉――江戸川乱歩シリーズ③

昭和五六年（一九八一）一二月の江戸川乱歩シリーズは「人間豹」である。

このシリーズ、毎年、新しいファンがふえて担当者としては嬉しいが、とりあげるものを探すのが一苦労である。はっきりいって乱歩の通俗長篇は似たような筋立てが多い。

そうした中で異色といえば「人間豹」である。

「人間豹」は昭和九年『講談倶楽部』に連載したまことに奇妙な小説である。

主人公は「人間豹」という怪物なのだ。「狼男」の変身物に似ているが、この主人公、普段は白面の貴公子だが、ある類似した容貌を持つ美しい女性を見ると恐ろしい豹に変身して襲いかかる。

この人間豹に挑戦する明智小五郎と、妻の文代、あの「魔術師」の娘だった文代のことである。この文代が、人間豹に襲われて曲馬団の舞台の上で無残にも殺されようとする。文代は熊の毛皮を着せられ、檻の中で豹と決闘させられるのだが、ラジオの世界だからいいが、映像がついたら見ていられないだろう。それほど馬鹿馬鹿しいといってしまえばそれまでだが、わたしと脚本の大野哲郎は無い智慧をしぼって、人間豹の行動の裏づけを考え、とにもかくにも風変りなスリラーとして二〇回にまとめたのである。

この「人間豹」に登場する文代は麻上洋子にお願いした。「魔術師」の時には倉野章子だったが、今度は「宇宙戦艦ヤマト」の森雪《もりゆき》の声をやっている麻上洋子にした。可憐な声でういうい新妻文代をやってくれ、主題歌の「冬薔薇」も歌った。

そして世にもおぞましい人間豹には尾藤イサオが扮した。

この人間豹という怪物、考えれば考えるほど分からなくなる。一体どうしてこんな怪物が生まれてきたのか、何やらその秘密は父親にありそうなのだ。父親は本物の豹を愛してやまなかったので、或いは、そのせいで人間と豹とのあいのこ「人間豹」が生まれたのか、乱歩もはっきりとは書いていない。

乱歩の悪い癖で、書きはじめたのはいいが途中で自分でも分からなくなったのかも知れない、そんな小説なので、ドラマとして取り上げたのは、この江戸川乱歩シリーズがはじめてではないかと思う。

この「人間豹」で苦労したので、翌昭和五七年（一九八二）一二月の江戸川乱歩シリーズは「地獄の道化師」にした。

これは昭和一四年、『富士』に連載されたもので、乱歩の戦前の作としては『日の出』連載の「幽鬼の塔」と共に最後の作品である。

若きピアニスト白井には野上みや子というフィアンセがいるが、みや子の妹あい子も白井を愛しており、さらに美貌の歌手相沢麗子も白井に好意を持っている。そして、みや子が石膏像にぬりこめられて死に、あい子も交通事故で死に、魔の手は麗子にものびてきた。犯人は「地獄の道化師」と名乗る正体不明の人物で、明智小五郎と対決する。

「人間豹」と違って、これは推理物らしい筋のはこび、伏線も随所に張ってあるので、その意味では脚色も苦労しなかった。

最後に追いつめられた犯人が、薬品で顔を焼いて容貌をかくし、被害者になりすますあたりは本格推理物としても恥かしくないトリックである。

ドラマ自体の出来もよくまとまり、『読売新聞』の投書欄で聴取者からおほめの言葉をいただいた。

●NHKラジオ第一「連続ラジオ小説、江戸川乱歩・地獄の道化師」を一家そろって毎日聴いています。小学生の子供たちも中西アナの軽妙な語りに引き込まれ、本を自発的に買い求めるほどの興味。わが家はテレビよりラジオ党で、特に乱歩シリーズは大人気です。テレビと違い、ラジオでは犯人像も各自イメージが異なり、にぎやかに話題も広がります。これからも良いラジオドラマを。

放送中、終了後の投書も多くて、相変らずの乱歩の人気に驚かされるが、受験勉強中、しばし頭を休めてこの乱歩シリーズを聞くという投書が圧倒的に多かった。

そして次のシリーズは、こういうものはどうかなど、ぎっしりと乱歩の小説の題名を書いてくる人もいて担当者としては大いに参考になった。

こうした聴取者の支持を得て、すでに五作、定時化される前の「黒蜥蜴」を入れて六作になる江戸川乱歩シリーズも、やがて最後を迎えることになった。

◉――明智小五郎最後の事件

第一放送で放送されてきた「連続ラジオ小説」の枠がなくなるという事態になった。

第一放送をより情報中心の波にするという方針で、ドラマ番組は日曜日の「日曜名作座」だけを残してFM波に移ることになり、「連続ラジオ小説」の名称が消えることになった。かくて昭和五八年（一九八三）一二月の江戸川乱歩シリーズは最後となるのだ。

最後にふさわしいもの、出来れば戦後のものがいいと思った。

戦後の長篇は数が少ない。昭和二六年『面白倶楽部』に連載した「三角館の恐怖」、昭和二九年から三〇年に『宝石』に連載された「化人幻戯《けにんげんぎ》」、同じ頃『面白倶楽部』に連載された「影男」、それに書下しの「十字路」、昭和三四年書下しの「ぺてん師と空気男」、以上である。

「三角館の恐怖」はロージャー・スカーレットの「エンジェル家の殺人」の翻案もので、娯楽雑誌に書かれたものとしては本格推理物で、色々と図面などが挿入されていたりして、耳で聞くだけではわずらわしい。「影男」は戦前の通俗長篇に似たもので、その意味では無難だが新味がない。新味といえば「ぺてん師と空気男」だが、ラジオドラマとしては「十字路」か「化人幻戯」だろうと思った。

「十字路」は前述したように渡辺剣次のアイデアが大きく、純然たる乱歩作とはいえないので、つまるところ「化人幻戯」ということになった。

犯人が事件の目撃者となって捜査の目をくらますというトリックの他、テープレコーダーでとった放送番組を時間をずらせて再生、犯行時間をごまかすなど本格的なトリックもあり、明智小五郎最後の事件としてふさわしいものであった。

ただ「化人幻戯」という題名は耳からでは分かりにくい。それで放送の題名は「〝化人幻戯〟より〝明智小五郎最後の事件〟」ということにした。

名探偵もすでに五〇歳を過ぎたナイスミドル、という設定も最後の事件にふさわしいものである。

この小説は『宝石』に連載がはじまった時、作中、重要な役割を演じる青年がやがて死んでしまうというくだりがあるが、終って見れば生きていたのだ。さすがに乱歩も後日、単行本にする時に書き改めているが、書いているうちに殺せなくなったのであろう。

ドラマでは明智小五郎は広川太一郎と変らないが、助手の小林少年が、いい加減大人になっていて小林青年となってしまった。しかし、これは佐久田修に、今迄、無理をして少年らしくやってもらっていたので、今度は自分の年齢に近くなったので、かえってやりやすかっただろう。

名探偵のベターハーフ文代は何人か交代した。「魔術師」の倉野章子から「吸血鬼」の鈴木弘子、「人間豹」の麻上洋子、そして「地獄の道化師」とこの「明智小五郎最後の事件」では松阪隆子に変っている。

出来れば同一俳優で通したかったが、制作スケジュールの関係で、主役の広川太一郎、ナレーター中西龍などとうまく嚙み合わず、やむを得なかったのである。しかし、新人の松阪隆子など、このシリーズで大いに演技力も向上、将来有望な女優として期待されるようになったのは御同慶のいたりである。

「明智小五郎最後の事件」が放送されると、聴取者は敏感で、最後の事件というからには、もう乱歩シリーズは聞けないのか、どうしてやめるのだと放送中から問い合わせがきたりした。

広川太一郎、木下秀雄、松阪隆子、中西龍などのレギュラーの他、毎シリーズ、何かの役で出演していた花形恵子、青砥洋など、収録が終ると、乱歩シリーズ最後のパーティをやるからと、名残りを惜しみつつ乾杯した。

しかし、わたしとしては別にこれで乱歩と訣別するつもりはない。乱歩はわたしにとっては少年の頃からのあこがれであり、推理小説を書く上での師匠であり、ドラマでも「月と手袋」「心理試験」そして連続ラジオ小説で「黄金仮面」「魔術師」「吸血鬼」「人間豹」「地獄の道化師」「化人幻戯」(明智小五郎最後の事件)と演出させてもらっている。少年の夢よ再び、いつか機会があれば、「怪人二十面相」「少年探偵団」「妖怪博士」「大金塊」を、原作に忠実にドラマ化したいと思っている。

わたしがラジオで乱歩シリーズをやっている頃、民放テレビでは天知茂の明智小五郎が活躍していた。

時代背景も現代となっており、ストーリーも今風に変えられてはいるが、乱歩の猟奇性、エロティシズムは濃厚に出ており、楽しいシリーズだったが、主役の天知茂が急死したのが惜しまれる。

◉——カムイの剣

「連続ラジオ小説」で放送した推理・SF物は幅広く、ジュール・ヴェルヌの「海底二万リーグ」から小松左京の「日本沈没」、江戸川乱歩から、赤川次郎の「幽霊列車」、外国物では、ギャビン・ライアル「空のトラック野郎より〝ちがった空〟」、ジェフリー・アーチャー「大統領に知らせますか」等々、それぞれに担当者が趣向をこらし、楽しい番組だった。

昭和五九年三月で「連続ラジオ小説」が終了すると、後番組として、「FMアドベンチャー」がFMに誕生した。タイトル通り、推理・SFを含む冒険小説の世界である。

この番組が出来た時から、わたしには一つの腹案があった。

新番組にもっともふさわしい冒険小説は、矢野徹「カムイの剣」をおいて他にない、広島・松江・東京とSFといえば何かと智慧をかり、執筆もしてもらった矢野徹のためにも、その代表作「カムイの剣」を立派なラジオドラマにする義務があると思ったのである。

実はその前、昭和五七年（一九八二）の一月四日～八日まで「ふたりの部屋」というお喋りありコントありのFM番組で、「SFアラカルト・矢野徹の世界」というのを馬場民子の構成、わたしの演出で放送している。

矢野徹が進駐軍の通訳をしていた話、アメリカSFの旅の話などを軽いコントにし、本人にも出演してもらったのである。たしかこの時、「カムイの剣」の文庫本をもらった筈だ。

「カムイの剣」の単行本は、わたしの息子が小さい時にもらった記憶があり、その再録だと思ったが、目下、続篇も書いているという話だった。

その「カムイの剣」が、めきめきと売れ出し、アニメの映画になると聞いて、では一足お先にラジオでやらせてもらおうと矢野徹の快諾を得たのだった。

そして昭和五九年一二月三日～二一日まで一五回の連続（FM・月～金、午後九・四五～九・五五）で石山透の脚色で放送された。演出はわたしと、推理・SF物大好きの大沼悠哉で担当した。
「カムイの剣」とは、アイヌの血を引く青年次郎左が、父の形見のカムイの剣に隠された秘密を解いて、アメリカでキャプテン・キッドの財宝を手に入れるというスケールの大きな破天荒な話である。それを邪魔する幕府隠密団の首領天海、次郎左を愛する女隠者、はては可憐なインディアン娘など、派手な登場人物が入りみだれて、スリル満点の冒険小説である。

ドラマでは主役の次郎左に志垣太郎、女隠者に麻上洋子、そして怪物天海には小池朝雄をお願いした。

刑事コロンボのふきかえで有名な小池朝雄は病気中だったが、さすがに名優、たけだけしい天海を見事に演じ、最後はアメリカ西海岸で次郎左の剣に倒れたのである。そして間もなく小池朝雄の訃報に接した。

「カムイの剣」パートⅡは、巨万の富を得た次郎左がモンテクリスト伯よろしく新妻を伴って、時あたかも明治維新の動乱にゆれる日本に帰ってくるところからはじまる。

昭和六一年正月「ＦＭアドベンチャー」あらため「アドベンチャーロード」で一〇回の連続で放送した。

「アドベンチャーロード」と同じＦＭの枠「カフェテラスのふたり」（前述した「ふたりの部屋」の後番組）で昭和六〇年九月、87分署ファンにおくる「87分署のキャレラ」を企画、五回連続で放送した。

原作は直井明の『87分署のキャレラ――エド・マクベインの世界』で、87分署の名物刑事ステイーヴ・キャレラの生い立ち、その趣味、食べ物、そのライバルなど詳細に調べあげた、シャーロキアンならぬ、キャレリアンの労作で、それをコント仕立てで五話にまとめた。脚本が小水ガイラ、出演は田島令子と蔵一彦であった。

昭和三二年（一九五七）四月八日、「人生劇場」でスタートした長寿番組「日曜名作座」は、森繁久弥、加藤道子が二人で登場人物の何役でもこなすドラマ番組だが、ここでも、けっこう推理・SF物を取り上げている。

昭和三八年九月一日から九回連続で、多岐川恭「異郷の帆」、四四年一一月二日から八回連続で海渡英祐「伯林《ベルリン》―一八八八年」、四七年六月一一日から三回連続で夢野久作「あやかしの鼓」、四八年六月三日から九回連続で黒岩涙香「幽霊塔」、五〇年八月三日、一〇日の二回で夢野久作「二重心臓」、八月一七日、江戸川乱歩「人でなしの恋」、八月二四日、同じく乱歩の「人間椅子」、八月三一日、久生十蘭「黄泉から」、九月七日、同じ久生の「白雪姫」などがあり、山田風太郎のものでは五二年「幻燈辻馬車」、五三年「警視庁草紙」、五五年「地の果ての獄」がある。

◉――オリジナル脚本がほしい

NHKテレビ「土曜ドラマ」でも推理物は根強い人気で、毎年のように制作された。

昭和五四年（一九七九）二月は「サスペンスロマンシリーズ」として、藤原審爾《しんじ》「死にたがる子」、渡辺淳一「血痕追跡」、井上靖「四角な船」、四月は松本清張シリーズで「天才画の女」、脚本・高橋玄洋、出演・竹下景子、芦田伸介であった。

この年、TBSでは「高木彬光シリーズ」「黒岩重吾シリーズ」と推理ドラマが続き、一〇月にはNETが、渡哲也主演のアクション刑事物「西部警察」をスタートさせている。

松本清張はNHK、民放を問わず相変らずの人気で、NHKでは和田勉演出によるシリーズが、主演女優選びの話題性もあって好評だった。

昭和五六年一月の「けものみち」では、清純派の名取裕子の大胆なラブシーンが評判だったが、お嬢さん女優に演技開眼させたのは演出の力である。

この年、NTVの「火曜サスペンス劇場」は「球形の荒野」、そして昭和五八年のNHK「土曜ドラマ」は佐久間良子、山崎努の出演で「波の塔」と、清張ミステリーは、これからも、絶えることなくドラマ化されていくことだろう。

清張自身、和田勉に口説かれて、ヒッチコックばりに画面に姿を見せて、時にはセリフの一つも喋ろうという、気の入れようなのである。

こうして放送がはじまった大正一四年（一九二五）から六〇年、推理ドラマが本当に根をおろしたのは戦後になってからであり、今日のように、どこの局のチャンネルを廻しても必ず推理サスペンス物をやっているといった状態になったのはテレビの普及のせいである。

推理小説・SFの単行本も専門雑誌もまあまあの売れ行きだし、中間小説・娯楽雑誌で推理物を載せないものはない。

だが一般の人は、活字を読むよりテレビで見た方がてっとり早い。なじみの俳優が出ていればその顔を見たさにチャンネルを合わせる。見馴れてくると、あの俳優は悪役専門だから犯人はあれだと、はじめから分かっていて、それでもけっこう楽しんで見ている。

民放テレビの定時番組ではNTVの「火曜サスペンス劇場」が題名通りサスペンスドラマを放送しているが、その他、NETの「土曜ワイド劇場」、TBS「水曜ドラマスペシャル」、NTV「木曜ゴールデンドラマ」などでも推理物を取り上げることが多い。

これらは、いずれも推理作家による原作を放送作家が脚色したもので、題材によって、スタジオ制作、フィルム制作に分かれている。たまには放送作家や劇作家のオリジナルな推理物も登場するが、やはり原作物の方が、トリックがしっかりしていて安心する。

しかし、これだけテレビドラマでサスペンス物の需要が多いと、原作が不足する。

雑誌や単行本で評判になっても、題材が放送に向かない場合がけっこう多いのである。凶器やトリックに使われる道具、薬品、車など、関係あるスポンサー筋から嫌われて企画の段階で没になることもある。面白いからと外国物を翻案すると、前述したように、どうしても日本の風土、習慣になじまず、国籍不明の現実ばなれしたドラマになってしまう。

その点、ラジオは、翻訳本を読むのと同じ、人物も背景もそのまま描けるので有利だが、本を読んでいても外国人の名前がひっきりなしに出てくると混乱するのだから、耳だけとなると、どのジョンだかメリーだか分からなくなる恐れがある。姿が見えず声だけというのは、イメージは自由にふくらむが、推理ドラマの場合、よしじっくり聞いてやろうという姿勢と心がまえがないとストーリーについていけない。

それにラジオドラマ独得の約束事、ブリッジ音楽による場面の転換や、効果音や劇伴音楽のきまりを知らないと話がどこでどうなっているのか分からない。テレビドラマを見馴れた人には、ラジオドラマは、かなりの自由を束縛し、聞かせることを強要することになる。だが、それを承知で聞いてもらえば、推理ドラマはラジオがよく似合うのである。

放送作家のテレビ脚本集が本になって売れているが、脚本を読むのなら「戯曲」よりもラジオドラマの方が、余計なト書が少なく、セリフがたっぷりあるので面白い筈である。はじめから放送を予定したオリジナルの推理ドラマ脚本を書いてくれる推理作家がほしいのだが、原稿料のことをいわれると弱い。しかし、その脚本を活字にして、単行本として売れれば問題は解決するのではないか、今、ラジオもテレビも、そうしたオリジナル脚本が欲しいのである。

◉——土曜はワイドのミステリー

昭和五二年（一九七七）にスタートしたテレビ朝日の「土曜ワイド劇場」の推理物はほとんどが原作物で、ここでも松本清張の名が目につく。

だがなんといっても、この番組の名物シリーズは江戸川乱歩の原作物である。天知茂の明智小五郎で、この八年の間に三〇本近い作品を制作している。

「白い人魚の美女」「悪魔のような美女」「大時計の美女」「エマニエルの美女」「白い乳房の美女」「天国と地獄の美女」「化粧台の美女」「白い素肌の美女」、もういいだろう。あれ、こんな題名の作品が乱歩のものにあったかと首をひねってもはじまらない。原題につけられたキャッチフレーズだと思えばいいが、テレビ欄では、こっちの方が先に出て、その後で江戸川乱歩の何々よりとなるのだ。

試みに、先にあげた作品の原作は順番に「緑衣の鬼」「黒蜥蜴」「幽霊塔」「化人幻戯」「地獄の道化師」「パノラマ島奇譚」「蜘蛛男」「盲獣」となる。

いわれてみればなるほどと、うなずけないことはないが、さすがに生き馬の目を抜くテレビで、まず題名でエロチックな感じを出してアピールしようというわけだ。もっともこれらは、映画会社が制作するテレビ映画だから、活動屋さんの感覚かも知れない。

もともと、乱歩の通俗探偵物はトリックよりは、猟奇性、エロチシズムが売り物だったのだから、今の時代にアピールするエロチックな題名にしてもいいのだともいえる。その狙いから、ドラマの背景はすべて現代に置きかえられ、昭和初期の懐かしい雰囲気はどこにもない。

ストーリーも当然、現代に合ったように変えられ、いくつかの作品をよせ集めたようなものになる場合もある。

乱歩ファンは、作品の書かれた時代背景が又、楽しみなのだが、今のテレビの観客にとってはそんなことはどうでもいいことだし、原作を忠実に映像化しても古めかしいだけで面白くないという人が多いだろう。

「土曜ワイド劇場」の江戸川乱歩シリーズは、それなりに苦労して、嘘を承知で、現代に乱歩の幻想をよみがえらせようとしたのだ。

このシリーズの監督は当初には井上梅次が担当、かつて映画で華麗な演出を誇った人だけに、その手腕で、長期シリーズを支えてきたが、後半からは長谷和夫、貞永方久《さだながまさひさ》、村川透、永野靖忠などが監督している。

江戸川乱歩に対して、もう一つ、若い人に人気のある赤川次郎原作のシリーズがある。

昭和五三年（一九七八）一月の「幽霊列車」、推理マニアの女子大生ととんまな刑事との迷探偵コンビによるユーモアミステリーで、浅茅陽子と田中邦衛の組合せが絶妙で、シリーズ化されることになった。

平行して同じ赤川次郎の「三毛猫ホームズ」物も、坂口良子、石立鉄男のコンビで制作され、「三毛猫ホームズの推理・女子大生密室殺人」「三毛猫ホームズの追跡・女性専科連続殺人の謎」など人気シリーズとなっている。なお、迷探偵シリーズの方は、最近では浅茅陽子にかわって藤谷美和子が田中邦衛のお相手をつとめている。

この「土曜ワイド劇場」では夏場になるときまって怪談物が登場する。

「生きていた死美人」「吸血鬼ドラキュラ神戸に現われる」「怨霊、あざ笑う人形」「鱶女・恐怖の人喰い鱶」など題名を見ただけで内容が想像される現代怪談で、映画の全盛期に納涼映画大会として、化猫、幽霊話、怪獣物などを上映したなごりであろう。

「土曜ワイド劇場」の原作として目につく推理作家は、佐野洋、西村京太郎、夏樹静子、和久峻三など、雑誌・単行本でおなじみの顔ぶれだが、西村のトラベル物、夏樹の女弁護士物、和久の京都殺人物などが好評である。しかし、これらのシリーズも、原作者の名前よりもレギュラーの出演者、女弁護士の十朱幸代、京都殺人の藤田まことといったスターの名前によって観られているのは事実で、番組案内でも原作者の名前が載らないことがよくある。

画面を見てはじめて原作者が分かったりする。外国の翻案物の場合は特にそうで、テレビを支える一般の視聴者にとっては、まず出演者の名前が第一、次にどんなストーリーか、作者（原作者、脚色者）や演出者に注目して、チャンネルを合わせてくれる人は少ない。まだまだ推理小説の読者は、巨大なテレビ人口の中にあっては、ほんの一握りの存在でしかないことがよく分かるのである。

◉――火曜日の夜は殺人で

昭和五六年（一九八一）九月、松本清張の「球形の荒野」でスタートした日本テレビの「火曜サスペンス劇場」はライバルであるテレビ朝日の「土曜ワイド劇場」にくらべると、シリーズ物は少なく、単発読切り一本で勝負といった姿勢である。

松本清張、西村京太郎、笹沢左保、夏樹静子、佐野洋、小林久三などの原作物が多いが、目立つのは外国の推理作家の原作が多いことである。勿論、前にも述べたように、外国物はいわゆる翻案物で、登場人物も日本人に、ドラマの背景も日本に置きかえてある。

エラリー・クイーン、ウィリアム・アイリッシュ、コリン・ウィルコックス、アンドリュー・ガーヴ、ノエル・カレフ、カトリーヌ・アルレー、ヘンリー・スレッサーなどNHKのラジオやテレビでとりあげた、おなじみの作家が多いが、特長といえば、原作を如何に忠実に脚色するかということよりは、ストーリーの面白さを如何に日本の風土の中に置きかえるか、そのためには多少の無理は承知で、日本向きに書きかえることも辞さないといった姿勢がうかがえることだ。外国の翻案物だと分からせないで、面白く観てもらうこともテレビの商業性なのである。

外国物だというと、とかく敬遠されるのはやむを得ないが、外国物を外国物として紹介するのだという一種の教養・啓蒙的なＮＨＫと違って、民放のコマーシャリズムは、よりいっそう厳しいということかも知れない。

外国の原作が歓迎されるというのは、日本物にいい作品が少ないということにもなるが、毎週毎週、この「火曜サスペンス劇場」や「土曜ワイド劇場」、それにＴＢＳの「水曜ドラマスペシャル」、日本テレビの「木曜ゴールデンドラマ」などにも推理物は登場するので、日本の作家の物でテレビ向きの原作が品薄になっているというのが現状だろう。これらの民放番組にＮＨＫも加わるのだから、いい原作が少ないのではなく、番組の数が多すぎるのである。

そこで勢い外国物に頼らざるを得ないということになるが、何度も言うように、外国物のストーリーの面白さだけにひかれて翻案すると、とかく日本の風土・人情・風俗を無視したものになり、こうなると推理物云々よりはドラマとして落第ということになる。

「火曜サスペンス劇場」は、松本清張の「球形の荒野」でスタートし、外国物・日本物の原作と幅広く取上げているが、要所要所に、たとえば三周年記念番組など、決まって松本清張の原作をもってきて、てこ入れをしているところを見ると、松本清張の原作が如何に現代のテレビに向いているかを思い知らされる。「火曜サスペンス劇場」の芯は、やはり松本清張だったのである。

この番組でもう一つ忘れてならないのは、テーマソングである。個々の作品のではなく「火曜サスペンス劇場」全体のテーマソングなのだ。

歌詞の入ったテーマソングは、単発読切りが多い番組では、使いにくい。一本一本内容が違うから作詞するのが難かしい。厳密にいえば不可能である。だから「火曜サスペンス」のテーマソングは、いわば番組全体のイメージソングといったものだが、最初の「聖母《マドンナ》たちのララバイ」という曲を岩崎宏美が歌って大ヒット、歌の方が有名になって、番組の知名度も高くなったといっていいだろう。適当にシャレていて物哀しく、なんとなくミステリアスな感じを、岩崎宏美がよく歌い込んでいた。

その後、「家路」「橋」とテーマソングは変ったが、歌手は岩崎宏美と変らないし、曲想もなんとなく似ている。いずれもグルーミイなメロディなので、どのドラマも終りは、このメロディに合わせたシーンになるのが御愛嬌である。

以上、民放の推理番組として「火曜サスペンス劇場」「土曜ワイド劇場」の二つを中心にして見てきたが、原作物もいいが、はじめからテレビドラマとしてのオリジナル脚本を多く取上げることが必要で、そのためには推理作家も脚本家も演出家も協力してほしいと思う。

●――ドキュメンタリーの謎解き

放送で推理的な興味を呼ぶのはフィクションである推理小説だけとは限らない。現実の出来事の中にも数多く発見することが出来る。

アメリカ西海岸で起きた連続殺人？　をめぐる疑惑人の行動についてはテレビ・雑誌とマスコミあげての報道があり、一億総探偵となって各人勝手な推理（想像）をめぐらせて、無責任ない方をすれば推理慾を満足させた筈だ。

有力政治家が賄賂をもらったかどうか、その金銭の授受はどこで行われたか、スパイ映画もどきに、某国大使館脇の路上で二台の車が停ってそのトランクの中に札束のつまったダンボール箱が無造作にほうり込まれた？　そして次々と死んで行く関係者は、謀殺か？　まさに推理小説を地で行く筋書きといってもいいだろう。

悲惨な事故ではあるが、航空事故の解明も多分に推理的な手法が必要とされる。特に乗客、乗員全員死亡という事故では、フライトレコーダー、ボイスレコーダーの解明だけでは分からない要素が多く、どうしても数ある目撃者の証言、破損した機体の状態などから事故原因を推理しなければならない。

ここに一つの見事としかいいようのないサンプルがある。

昭和四一年（一九六六）、イギリス海外航空（ＢＯＡＣ）のボーイング７０７型機が富士山麓に墜落して一二四人全員死亡という事故が起きた。

その日が三月五日、実は、この日の前日、三月四日にはカナダ太平洋航空のダグラスＤＣ８型機が羽田空港で着陸失敗、六四人が死亡、八人が重軽傷という事故があり、さらに一ヶ月前の二月四日には、全日空のボーイング７２７型機が羽田沖に墜落、一三三人全員死亡という悲惨な事故が起きたばかりだった。

こうも大事故が続いて起こるというのは、何か人知でははかり知れない不思議な力が働いているのではないかというとＳＦの世界になるが、この富士山麓墜落のＢＯＡＣ機の事故解明を詳細にレポートした柳田邦男の『マッハの恐怖』（羽田沖、空港の二つの事故についても書かれている）を、わたしは柳田邦男からおくられ一気に読んだ。

推理小説より面白い。

いや事実の重みがあるだけに、推理小説など遠くおよばない、すばらしい推理ドキュメントになっていた。この本が出版されたのは昭和四六年で、その年の大宅壮一賞の受賞作となった。四六年といえば前述したように、わたしはアナウンス室におり、ドラマ制作の現場にいなかったのだが、『マッハの恐怖』をドキュメンタリードラマにしたらいいだろうなと思っていた。

そこでドラマ部に戻って昭和五二年四月二九日、「文芸劇場」の「ノンフィクションシリーズ」の一つとして、この『マッハの恐怖』をラジオドラマにすることにした。

ＢＯＡＣ機の事故そのものについては詳細しないが、わたしの推理的興味を引いたいくつかの事例をあげておく。

飛行機が落ちて行くのを目撃した陸上自衛隊員の証言。

午後二時、携帯ラジオでＮＨＫのニュースを聞き、続いて巨人・西鉄のオープン戦の実況を聞いていた。巨人の攻撃で長島、森が出塁、吉田が打席の時、上空で飛んでいる飛行機の主翼のあたりから白い煙が見え、やがて機体の一部がバラバラになって落ちていった。

この証言を重視した事故技術調査団の委員は、ＮＨＫで保存されていた野球中継の録音テープを聞き、ＢＯＡＣ機の墜落の正確な時間を割り出すのである。

この時、生中継の野球放送が録音されていたことは好運だった。

そして、事故機がどのようなコースをたどったかについては、乗客の遺品の８ミリカメラのフィルムが決め手となった。

丹沢山塊が写っているフィルムから、一つの山を、その樹木のはげ工合から権現山と割り出した。権現山が分かれば後の山々は判別出来る。そしてその撮影の角度から、飛行機の高度が分かり、映像の移動時間と８ミリカメラのコマ送りのスピードから、飛行機自体の速度も判明したのである。

正に緻密に仕組まれた推理小説の謎を解くようなものだった。

ドラマは久保田圭司が脚本を書き、小川真司、青砥洋、桐原史雄などが、ＮＨＫのニュース記者に扮した。ドラマでは当時、ＮＨＫの記者をしていた柳田邦男を中心に描いていたが、本人が大いにテレて、事実と違うというので、キャップ以下記者諸君全員が主役ということにして納得してもらった。

柳田邦男は事故以来、五年にわたって地道な取材・調査を行って『マッハの恐怖』を書き上げた。そしてこの本が発行されて間もなく、NHKを辞してノンフィクション作家として一本立ちし、今日では航空評論家としても一家をなし、航空事故の度にテレビで冷静、適確な解説をしている。

「戦記ものなどに代表されるノンフィクション文学が極限状況における人間、或いは肉の叫びといった〝人間それ自身〟の直接的な摘出をテーマとしているのに対して、私は金属や論理や数字などの無機質なものと現代の人間とのかかわりについていどんでみたのである」(『マッハの恐怖』後書き)

推理ドラマの謎解きも、こうした科学的な冷徹な手法によってなされる新しい時代になったようである。

◉——SFドラマの将来

ラジオ・テレビの放送にとって推理ドラマはいいお得意様だ。

それではSFはどうか。

はっきりいってテレビドラマではお呼びではない。スタジオ制作で大がかりな特撮は無理である。VTR(録画)・フィルムを使って特撮し、それにスタジオを併用すれば可能だが、手間と金がかかって、とてもペイしないだろう。

現段階ではSFは放送ではラジオドラマ、映像では映画、アニメーションとなってしまう。

アニメのSFについては、あまりにも量が多く、ほとんどが子供向けで、内容も荒唐無稽なものが多いので、ほとんど触れることがなかったが、それらの中で「鉄腕アトム」「宇宙戦艦ヤマト」「未来少年コナン」「銀河鉄道999」「一〇〇〇年女王」などは大人の観賞にも耐えられる秀作である。

SFがテレビドラマに不向きだといって、テレビマン達がただ腕をこまねいていただけではない。

昭和六〇年一〇月、NHKテレビで、恐らくテレビドラマではじめてといっていい、本格的ともいえる宇宙SF物が放送された。

ドラマスペシャル「オアシスを求めて」で、オリジナル脚本は田向正健《たむかいせいけん》である。SF作家の原作でなく、放送作家のオリジナル脚本というところがよろしい。

時代は一〇〇年後の世界。地球は汚染され、人類は新しい住みかを求めて宇宙に出て行く。日本も各国もスペースコロニーを宇宙空間に建設して移住する計画を立てる。その日本のスペースコロニーは間もなく完成、移住者が選ばれることになった。

このスペースコロニーを制御するコンピューターの異常に気づいた技師は、やがて恐ろしい事態にまきこまれる。絶対正確で、人間に忠実であるべきコンピューターが逆に作用して働き、その背後には、今の人類にとって変ろうとするクローン人間「新人類」がいた。

その「新人類」と技師が対決するのだが、実は、その「新人類」は技師の曾祖父が研究し、途中で研究を放棄した筈が、秘かに他の組織によって継続されて生まれたもので、顔は技師とそっくりという不気味さである。

その他、子供を教える教師は全部ロボットで、その方が余計なことを教えないので有能だとか、現代を風刺するところもあり、考えさせられるドラマだった。

特撮も、コンピューターやアニメを使ってそれなりに努力しているが、やはり大画面に映し出されることを予定して作られるアメリカの特撮SF映画の迫力には及ばない。当り前の話だが、これにこりずに、テレビはテレビらしく、小ぢんまりしたものでいいから、スペクタクルではない、ピリリと風刺のきいた内容で勝負したいものだ。SFとはつまるところ、時代を過去にとろうと未来にとろうと、現代そのものをリアリズムではなく、一つ違った観点からとらえて見せる知的なお遊びだからである。

SFというと何かバタくさい国籍の分からない人間が出てくるが、これは日本のSFが、戦後、矢野徹などの努力により、外国物の翻訳からスタートしたせいもあるだろう。それに宇宙を舞台に、ロケットが飛び交うスペース小説に、科学水準の低かった日本人が主人公では如何に発想が自由なSFでも、あまりにも現実ばなれしていて恥かしかったせいもあるだろう。

星新一が、日常起こり得べき出来事に題材をしぼり、独得な文明批評を、簡潔で平易な文章で表現するという手法をとったのは賢明であり、それ故にSFとしてはユニークであり、国際的にも通用する筈である。

今や日本は経済大国であると同時に科学大国、宇宙ロケットを自力で打ち上げることが出来るようになった。

日本のＳＦ作家の書くものもスケールが大きくなり、やがて世界に、日本のＳＦが翻訳輸出される日が来るかも知れない。自動車の輸出超過は問題だが、今日の圧倒的なＳＦ輸入超過を逆転させることが出来れば愉快ではないか。

日本のラジオ・テレビドラマは海外のコンクールでは常に入賞し、世界的に評価されている。日本人ＳＦ作家の書いたＳＦドラマが海外で歓迎される日が来ることも決して夢ではないと思う。

あとがき

「推理SFドラマの六〇年」といささかおこがましいタイトルになった。

放送が開始されてから六〇年、わたしがNHKに入局したのが昭和二九年だから、三〇年余り、半分ばかりの年数、放送に携っているに過ぎない。

放送のはじめからタッチしていれば、胸をはって六〇年の歴史を語れるのだろうが、事、推理SFドラマに関していえば、本文でも書いたように戦前、戦中には見るべきものはなく、本格的な推理ドラマは昭和二四年の「灰色の部屋」にはじまったといっていい。

推理小説（その頃の探偵小説）の古いファンであると同時に、昭和二八年に探偵雑誌『宝石』の「新人二十五人集」に載って、何やら推理小説めいたものを書きはじめ、探偵作家クラブ（日本推理作家協会）に入会し、NHKに入ってからは、ひたすら推理SFドラマを企画・演出してきたわたしとしては、今迄恐らく誰も手がけなかったであろう推理SFドラマの推移・歴史をまとめてみるのが義務のように思えてきた。

推理小説の歴史については戦前・戦後とまとまったものがあり、特に戦後については、中島河太郎編の『戦後推理小説総目録』が詳しい。

放送ドラマについてもNHKの『放送の五十年』や番組記録、民放を含めたものでは、放送評論家諸氏の著書に年表のかたちでおさめられているものが多い。

しかし、今でこそ推理物は隆盛だが、マイナーであった時代も含めて、純粋に推理SFドラマだけを取り出して紹介・解説したものにはお目にかかったことがない。

はじめ、わたしは本書を、推理SF小説とドラマの評論を中心にするつもりであった。今までに各新聞や雑誌、推理作家協会の会報などに発表したエッセイを集め、新しく書き足すつもりだった。

だが自分だけの経験・意見だけを書くのではなく、放送開始以来、といっても初期の頃はNHKだけしか放送機関はないのだが、一体、推理SFドラマは放送の中にあってどのような地位を占めていたのか、あまり歓迎されていなかったとしたらそれはどんな事情によるのか、そのあたりから書いた方がより明確に、わたしの言いたいことがつたわるのではないかと思いはじめたのである。

それで、わたしが放送にタッチするまでの三〇年間は、放送記録や新聞の番組紹介欄などで調べたが、あまりにも推理SF物は少なすぎる。

そこで江戸川乱歩の『探偵小説三十年』『探偵小説四十年』など探偵作家側から如何に放送にかかわったかを調べた。

記録魔である乱歩のおかげで、この線からのアプローチは大いに参考になった。

わたしがNHKに入局してからは、わたし自身の経験、自分の企画・演出した推理SFドラマについて多く書いたが、わたしのスタートが広島局、そして松江と地方局だったので電波は限られた地域にだけしかとどかず、わたしのドラマを聞いた人の数も少ない。

しかし、その頃、まだデビュー前のＳＦ作家の諸作品を東京に先がけて放送するなど、今から見れば貴重な記録とも思えるので、かなりのページをさかせてもらった。

東京で演出するようになって、何度か、推理作家に書下しのラジオドラマを委嘱している。活字で発表されたものより、やはり新鮮であり好評であったが最近ではほとんどなくなった。ＮＨＫ、民放を問わずラジオドラマが少なくなり、民放など一時期、完全にやめてしまったこともあるので、オリジナル脚本は、芸術ドラマ一本となり、推理ＳＦのオリジナル脚本を委嘱する余裕がなくなったせいである。

今また民放でもラジオドラマ復活のきざしがあり、そうなれば活字の後追いではなく、推理作家による書下しの連続ミステリーを放送すれば反響も大きいだろう。

テレビドラマの脚本は映像を意識しなければならないし、セット、ロケーションなど様々な約束ごとや制限があるので、推理作家の書下し脚本というのはやや無理かも知れない。

ＳＦ作家の場合は、むしろラジオにオリジナル脚本を書くことがむいていると思われる。自由に舞台を拡げ、タイムスリップも思いのまま、音楽・効果音も思い切り奇抜なものを注文しても演出スタッフは応じてくれるだろう。

わたしも大いにやるつもりだ。

とりとめのないあとがきになってしまったが、本書を読んで、わたしの推理ＳＦドラマに対する愛情と情熱をくみとって載ければ幸いだと思っている。

なお文中、作家、俳優の諸氏や、わたしの先輩、同輩の諸氏のお名前に敬称を略させて戴いたことをおことわりします。

この本の執筆にあたり色々な資料を参考にしたが、主なものを記して謝意を表します。

江戸川乱歩『探偵小説三十年』岩谷書店
〃『探偵小説四十年』講談社
〃『幻影城』岩谷書店
〃『続・幻影城』早川書房
九鬼紫郎『探偵小説百科』金園社
〃『推理小説入門』金園社
横田順弥『SF事典』広済堂
『世界のSF文学総解説』自由国民社
金沢覚太郎『放送文化小史年表』岩崎放送出版社
白井隆二『テレビ創世記』紀尾井書房
佐怒賀三夫『テレビドラマ史』日本放送出版協会
志賀信夫『テレビヒット番組のひみつ』日本放送出版協会
NHK編『放送の五十年』日本放送出版協会
〃『日本放送史』日本放送出版協会
〃『NHK放送劇選集』①②③　日本放送出版協会

推理SFドラマ関連年表

（発局名のないのはすべてNHK）

大正14年（1925）

3・22　東京放送局（JOAK）仮放送開始

7・12　東京放送局、東京・愛宕山より本放送

8・13　「炭坑の中」放送

11・9　江戸川乱歩「探偵趣味について」ラジオ講演

昭和2年（1927）

8・13　全国中等学校優勝野球大会を甲子園から中継。初のスポーツ実況放送となる

12・15　探偵ドラマ「深夜の客」（原案・探偵趣味の会、出演・山田隆弥、六条波子、土田純）、同時に「探偵小説の夕」と題して探偵作家総出演

昭和5年（1930）

7・15　江戸川乱歩、「コナン・ドイルの思い出」についてラジオ講演（ドイルは、この年7月7日に死去）

昭和11年（1936）	
8月	ベルリン・オリンピック実況
10・29〜31	連続探偵ドラマ「深夜の冒険」（作・甲賀三郎、出演・柳永二郎、森赫子、伊志井寛）3回連続
昭和13年（1938）	
2・10	ラジオコメディ「ある恐ろしきスパイ」（作・海野十三、脚色・緑波文芸部、出演・古川緑波一座）
7・27〜29	連続探偵劇「山彦」（原案・江戸川乱歩、脚色・野上徹夫、出演・進藤英太郎、山村聰）大阪局制作
10・30	オーソン・ウェルズ「火星人侵入」CBSネットで全米放送
12・30	探偵ドラマ「赤馬旅館」（原案・小栗虫太郎、脚色・久生十蘭、出演・江戸川乱歩、大下宇陀児、水谷準、海野十三、蘭郁二郎、渡辺啓助、延原謙、城昌幸、木々高太郎他）
昭和14年（1939）	
10・14	「酒場の少女」（作・甲賀三郎、出演・伊東亮英他）大阪局制作
昭和15年（1940）	
4・13	初のテレビドラマ「夕餉前」実験放送
昭和16年（1941）	
12・8	太平洋戦争開戦

昭和17年（1942）
1・11　放送劇「海底軍艦」（作・押川春浪、脚色・井狩肇、出演・江川宇礼雄他）

昭和18年（1943）
5・16　子供の時間ドラマ「潜水飛行艇飛魚号」（作・海野十三、出演・池田忠夫他）
9・5　徳川夢声の連続物語「宮本武蔵」開始

昭和19年（1944）
1・30　子供の時間ドラマ「成層圏戦隊」（作・海野十三、出演・池田忠夫他）

昭和20年（1945）
8・15　太平洋戦争終る

昭和21年（1946）
4月　探偵雑誌『宝石』創刊
12・3　クイズ番組「話の泉」放送開始

昭和22年（1947）
6月　日本探偵作家クラブ設立
11・1　クイズ番組「二十の扉」放送開始、探偵作家・大下宇陀児レギュラーとなる

昭和24年（1949）
4月　捕物作家クラブ成立

9月　探偵ドラマ「灰色の部屋」放送開始。第一回、水谷準「司馬家崩壊」毎週金曜日の15分間で一ヶ月連続

昭和25年（1950）

1月　「灰色の部屋」放送時間30分となる。一月は高木彬光「緑衣の女」。この年の主なシリーズは江戸川乱歩「蜘蛛男」、海野十三「深夜の市長」、モーリス・ルブラン「奇巌城」など

昭和26年（1951）

1月　「灰色の部屋」――この年の主なシリーズは、角田喜久雄「蜘蛛を飼う男」、島田一男「社会部長」、木々高太郎「決闘」など

4月　犯人当てドラマ「犯人は誰だ」スタート

9・1　中部日本放送、新日本放送（毎日放送）開局

9・5　民放スリラー番組の元祖「水曜日の秘密」（毎日放送）スタート、第一回は木々高太郎「十二の傷の物語」

12・25　ラジオ東京（ＴＢＳ）開局、野村胡堂「銭形平次捕物控」スタート

昭和27年（1952）

1月　「灰色の部屋」――この年のシリーズの主なものは、大下宇陀児「偽悪病患者」、ディクソン・カー「プールの中のドラゴン」他「犯人は誰だ」継続（28年10月完結）

4・10　連続放送劇「君の名は」スタート

昭和28年（1953）	
2・1	NHKテレビ放送開始
4月	「エンタツの名探偵」スタート
8・28	日本テレビ放送網（NTV）開局
11月	「犯人は誰だ」の後番組「素人ラジオ探偵局」スタート
昭和29年（1954）	
6月	TBSラジオ、江戸川乱歩「怪人二十面相」を連続ラジオドラマでスタート
8月	朝日放送、江戸川乱歩「少年探偵団」を連続ラジオドラマでスタート。「少年探偵団」のテーマ曲流行。このシリーズはその後ニッポン放送で再放送
昭和30年（1955）	
4・1	TBSテレビ開局。同局の人気テレビドラマ「日真名氏飛び出す」スタート。昭和37年まで久松保夫の主演で放送される
11・26	東京・大阪を結ぶテレビドラマ「追跡」（作・内村直也、出演・二本柳寛、原聖四郎。芸術祭賞受賞）
昭和31年（1956）	
4月	ラジオ・スリラードラマ「幻の部屋」スタート
4月	ニッポン放送、江戸川乱歩「少年探偵団」新シリーズでスタート
4・28	外国テレビ映画「カウボーイGメン」（TBSテレビ）スタート

8・6～27　連続テレビドラマ「探偵は誰だ」（作・島田一男、出演・伊藤雄之助他）4回連続

昭和32年（1957）
9・3　NTV「ダイヤル一一〇番」スタート
9・3～24　連続テレビドラマ「刑事物語」（作・島田一男、出演・松本染升、園井啓介他）
10・1～29　連続テレビドラマ「婦警物語」（作・島田一男、出演・南寿美子、幸田弘子他）5回連続
11・10　犯人当てテレビドラマ「私だけが知っている」（作・Xクラブ、探偵・徳川夢声、池田弥三郎他）スタート。第一作は「三等寝台事件」

昭和33年（1958）
1月　TBSテレビ「この謎は私が解く」スタート
4・3　連続テレビドラマ「事件記者」（作・島田一男、出演・滝田裕介、大森義夫、坪内美詠子他）スタート。41年3月29日まで三九九回の連続となる
この年、TBSラジオ「犯人（ホシ）をあげろ」スタート
この年、NTV「怪人二十面相」スタート

昭和34年（1959）
1月　NTV「夜のプリズム」スタート
3・1　NET（現テレビ朝日）、フジテレビ開局
3・6　フジテレビ「ペリーメースン」スタート

昭和35年（1960）

2・22〜26 海外推理ドラマ特集（ラジオ）カーター・ディクソン「魔の森の家」、レックス・スタウト「証拠のかわりに」、C・B・ギルフォード「探偵作家は天国へ行ける」、M・ミラー「鉄の門」

4・6 連続テレビドラマ「灰色のシリーズ」スタート。第一回は「少女の眼」（作・有馬頼義、脚色・山崎昌也、出演・坂本武、岡田早苗他）

12・8 TBSテレビ「刑事物語」スタート（「七人の刑事」の前身）

この年、TBSラジオ、ドキュメンタリー「目撃者の記録」スタート。第一回「おれは無罪だ」

昭和36年（1961）

5・1 一〇〇分ドラマ（ラジオ）「黒い樹海」（作・松本清張、脚色・横光晃）

5・12 フジテレビ「検事」スタート

8・21〜25 ハードボイルド特集（ラジオ）チャンドラー「長いお別れ」、マクドナルド「人の死に行く道」、ピーターース「金髪女は若死する」、カーター・ブラウン「死体置場は花ざかり」

10・4 TBSテレビ「七人の刑事」スタート

10・11 NET（テレビ朝日）「特別機動捜査隊」スタート

昭和37年（1962）

3・25　一〇〇分ドラマ（ラジオ）「球形の荒野」（作・松本清張、脚色・田辺まもる、出演・北沢彪他）

4・5　テレビドラマ「黒の組曲」（松本清張シリーズ）スタート。第一回は「駅路」

7・25　テレビ劇場「月と手袋」（作・江戸川乱歩、脚色・松本守正、出演・仲谷昇、小山明子他）

10・16　NET（テレビ朝日）「判決」スタート

昭和38年（1963）

1・1　フジテレビ「鉄腕アトム」スタート

1・21～25　ラジオ芸能ホール、推理作家シリーズ、佐野洋「執念」、日影丈吉「歪んだ射角」、仁木悦子「ある取引」、梶山季之「紀伊浜心中」、河野典生「あいつの声」

8・9　テレビ文芸劇場「心理試験」（作・江戸川乱歩、脚色・藤村正太、出演・山形勲他）

8・16　テレビ文芸劇場「時間の習俗」（作・松本清張、脚色・川崎九越、出演・大木実他）

8・23　テレビ文芸劇場「夜の配役」（作・有馬頼義、脚色・藤本義一、出演・小山明子他）

8・30　テレビ文芸劇場「金の砂」（作・水上勉、脚色・小幡欣治、出演・河野秋武他）

8・10　テレビ指定席（TV映画）「第三の裁き」（作・山田風太郎、脚色・田村幸二、監督・小野田嘉幹、出演・花沢徳衛、小林千登勢他）六〇分

10・9　TBSテレビ「こちら社会部」スタート

昭和39年（1964）

8・10〜31　海外スリラー特集（ラジオ）、スタンリー・エリン「壁をへだてた目撃者」、ジェイコブズ「猿の手」、ナイジェル・ニール「沼」、ポー「おとし穴と振子」

8月　フジテレビ「特捜シリーズ・噂の無法者」スタート

10月　TBSテレビ「捜査検事」スタート

昭和40年（1965）

4・9　連続ドラマ「人形佐七捕物帳」スタート

4・9　TBSテレビ「ザ・ガードマン」スタート

7・17　物語（ラジオ）「博士の不思議な薬」（作・星新一）

8・7　放送劇（ラジオ）「ある容疑者」（作・佐賀潜、脚色・郡山政宏、出演・南原宏治他）

昭和41年（1966）

1・29　テレビ指定席「わが一高時代の犯罪」（作・高木彬光、脚色・小幡欣治、監督・金子精吾、出演・川合伸旺他）

4・30　テレビドラマ「都会の顔――アイリッシュ〝幻の女〟より」（脚本・中井多津夫、出演・山崎努、岸田今日子他）

8・20　物語（ラジオ）大下宇陀児追悼番組「蛍」

9・16〜10・7 海外推理ドラマ特集（ラジオ）、アイリッシュ「黒いカーテン」、ジャン・ブリュス「蝿を殺せ」、ラインスター「もう一つの今」、チャンドラー「ヌーン街で拾ったもの」

昭和42年（1967）

1・2 特集ドラマ（ラジオ）「ようこそ大黒さま」（作・星新一、出演・フランキー堺他）

4・7 連続テレビドラマ「文五捕物絵図」スタート

7・22 テレビドラマ「懸賞小説」（作・佐野洋、脚色・小幡欣治、出演・長門裕之、いしだあゆみ他）

11・10〜12・1 推理ドラマ特集（ラジオ）「梟」（松本清張）、「海賊」（陳舜臣）、「影の道」（土屋隆夫）、「ひき逃げ」（多岐川恭）、四本いずれもオリジナル

昭和43年（1968）

4月 NTV「特別捜査本部」スタート

TBS「キーハンター」スタート

9・7〜28 推理ドラマ特集（ラジオ）ウェルズ「モロー博士の島」、ブラウン「七三光年の妖怪」、ブラッドベリ「月はいまでも明るいが」、ウールリッチ「死よおごるなかれ」

11・1 連続テレビドラマ「開化探偵帳」（作・島田一男、土橋成男、中沢昭二、出演・緒形拳、香山美子他）スタート。44年10月10日まで連続

昭和44年（1969）

7・28〜8・15 連続テレビドラマ、C・ライス「ママに贈る大事件」（5回）、A・ガーヴ「真夏の日食」（5回）、ピアスン「素晴らしき罠」（5回）

昭和45年（1970）

1・4〜25 推理ドラマ特集（ラジオ）「冬の雨」（佐賀潜）、「旅人の主題」（笹沢左保）、「一匹狼」（邦光史郎）、「仕事下さい」（眉村卓）

8・2〜30 海外推理ドラマ特集（ラジオ）ドイル「赤毛組合」、ハメット「赤い収穫」、アガサ・クリスティ「砂に書かれた三角形」、アルレー「目には目を」、ブラッドベリ「風」

8・3〜28 連続テレビドラマ、フィルポッツ「闇からの声」（5回）、ボワロー＝ナルスジャック「影の顔」（5回）、カザック「砂の城」（5回）、ブラウン「霧の壁」（5回）

昭和46年（1971）

1・1〜3 特集ラジオドラマ「秘境冒険シリーズ」（「幻のエルドラド」「砂漠の謎」「潜水艦ノーチラス極点にあり」）

3・1〜19 連続テレビドラマ「ゼロの焦点」（作・松本清張、脚色・石堂淑郎、出演・十朱幸代、露口茂）15回連続

昭和47年（1972）

4・3	連続テレビドラマ「明智探偵事務所」（作・江戸川乱歩、脚本・中島貞夫、福田善之、出演・夏木陽介、田村奈巳他）47年9月まで半年連続
7・21	NTV「太陽にほえろ」スタート
8・16〜23	水曜ドラマ（テレビ）「幻の殺意」（作・結城昌治、脚色・石松愛弘、出演・江原真二郎他）2回連続
昭和48年（1973）	
4・2〜5・11	銀河テレビ小説「波の塔」（作・松本清張、脚色・砂田量爾、出演・加賀まり子、浜畑賢吉他）30回連続
7・7〜8・4	文芸劇場（ラジオ）内外ＳＦ傑作選、トム・ゴドウィン「冷たい方程式」、筒井康隆「幻想の未来」、小松左京「日本アパッチ族」、バラード「結晶世界」、広瀬正「マイナスゼロ」
昭和49年（1974）	
4・3	連続テレビドラマ「帽子とひまわり」（作・高橋玄洋他、出演・林隆三、伴淳三郎他）9月4日まで連続
10月	ＴＢＳ「夜明けの刑事」スタート
昭和50年（1975）	
1・1〜3	特集物語（ラジオ）ヘンリー・スレッサー「猫の子」「アンドロイドの恋人」「愛犬」

4・5〜26　文芸劇場（ラジオ）海外推理ドラマ特集、ノエル・カレフ「おれはチャンピオン」、ウールリッチ「暁の死線」、アルレー「黄金の檻」、シムノン「メグレ罠を張る」
8・11　連続ラジオ小説スタート。第一回は横溝正史「悪魔が来りて笛を吹く」。58年12月まで継続
10・18〜11・8　土曜ドラマシリーズ（テレビ）、松本清張「遠い接近」「中央流砂」「愛の断層」「事故」
11・8〜22　文芸劇場（ラジオ）推理ドラマ特集、横溝正史「鴉」、海野十三「夜毎の恐怖」、江戸川乱歩「心理試験」

昭和51年（1976）
2・28　土曜ドラマ（テレビ）「男たちの旅路」スタート
4・8　サスペンスシリーズ（ラジオ）「夜のサスペンス」スタート。第一回は森村誠一「集合凶音」。53年3月まで継続
6・4〜25　文芸劇場（ラジオ）海外ハードボイルド特集、ハメット「ディーン家の呪い」、マッギヴァーン「緊急深夜版」、チャンドラー「湖中の女」、スピレーン「裁くのは俺だ」

昭和52年（1977）
1・7〜28　文芸劇場（ラジオ）SF特集、キイス「アルジャーノンに花束を」、バラード「ヴィーナスの狩人」、ウィリアム・テン「ハロー・グッドバイ」、眉村卓「青白い月」

1・8〜29　土曜ドラマ・サスペンスシリーズ（テレビ）、三好徹「閃光の遺産」、森村誠一「高層の死角」、佐野洋「轢き逃げ」、結城昌治「暗い落日」
4・2　TBS「横溝正史シリーズ」スタート
4・4〜29　銀河テレビ小説「わらの女」（作・カトリーヌ・アルレー、脚色・関功、出演・大空真弓他）
7・7　NET「土曜ワイド劇場」スタート。第一回「時間よ、とまれ」（脚本・早坂暁）
10・8　TBS「森村誠一シリーズ」スタート

昭和53年（1978）
1・11　フジテレビ「球形の荒野」スタート
4・9〜30　ドラマ人間模様（テレビ）「事件」（作・大岡昇平、脚色・中島丈博、出演・若山富三郎、大竹しのぶ他）
10・7〜28　土曜ドラマ（テレビ）松本清張シリーズ「天城越え」「虚飾の花園」「一年半待て」「火の記憶」
11・18　ワイドドラマ・スペシャル（ラジオ）「歪んだ星座」（作・小林久三、脚色・横光晃、出演・石橋蓮司他）

昭和54年（1979）
2・17〜3・3　土曜ドラマ（テレビ）サスペンスロマン・シリーズ、藤原審爾「死にたがる子」、渡辺淳一「血痕追跡」、井上靖「四角な船」

4・5〜19 土曜ドラマ（テレビ）松本清張シリーズ「天才画の女」（脚色・高橋玄洋、出演・竹下景子、芦田伸介他）
6・10〜7・8 ドラマ人間模様（テレビ）「続事件」（原案・大岡昇平、脚本・早坂暁、出演・若山富三郎、中村玉緒他）
10・14 NET「西部警察」スタート

昭和55年（1980）
9・14〜10・5 ドラマ人間模様（テレビ）「続・続事件」（原案・大岡昇平、脚本・早坂暁、出演・若山富三郎、岸恵子他）

昭和56年（1981）
1・9〜23 土曜ドラマ（テレビ）松本清張シリーズ「けものみち」（脚色・ジェームス三木、出演・名取裕子、山崎努他）
9・6〜10・4 ドラマ人間模様（テレビ）「新事件」（原案・大岡昇平、脚本・早坂暁、出演・若山富三郎、岸本加代子他）
9・29 NTV「火曜サスペンス劇場」スタート。第一回、松本清張「球形の荒野」

昭和57年（1982）
1・4〜8 ふたりの部屋（FM）SFアラカルト「矢野徹の世界」（構成・馬場民子）
4月 TBS「ザ・サスペンス」スタート
9・12〜10・10 ドラマ人間模様（テレビ）「新事件―ドクターストップ―」（原案・大岡昇平、脚本・早坂暁、出演・若山富三郎、松尾嘉代他）

昭和58年（1983）
10・15〜29　土曜ドラマ（テレビ）「波の塔」（作・松本清張、脚色・ジェームス三木、出演・佐久間良子、山崎努他）

昭和59年（1984）
12・3〜21　FMアドベンチャー「カムイの剣」（作・矢野徹、脚色・石山透、出演・志垣太郎他）15回連続

昭和60年（1985）
10・26　ドラマスペシャル（テレビ）「オアシスを求めて」

あとがきのあとがき

『推理ＳＦドラマの六〇年』が論創社より復刊されることになり、こんな嬉しいことはない。この本は昭和六一年に六興出版から本名の上野友夫名義で刊行されたが、今回は川野京輔名で出版されることになった。復刊にあたって気付いた限りの加筆と訂正をほどこしたが、肖像権などの関係から初刊本に載っていた写真は割愛せざるを得なかった。読者諸氏にはご了承いただきたい。

この本については『川野京輔探偵小説選Ⅱ』の解題で評論家の日下三蔵氏が「この本は探偵小説選シリーズとは別に論創社から復刊される予定だという。もしお読みでない方がいたら、ぜひ手にとっていただきたい名著だ」とおほめの言葉を頂いており恐縮している。

名著かどうかは別として昭和六一年（一九八六年）から三〇年以上もたっているので、その間にわたしがたずさわった推理（捕物）ＳＦドラマについて書いておきたいと思う。

昭和六一年（一九八六）

一月六日（月）～一七日（金）　ＦＭアドベンチャーロード「カムイの剣パートⅡ」作・矢野徹、脚本・大野哲郎、出演・志垣太郎、他。一〇回連続。演出・上野友夫、保科義久。これは昭和五九年一二月に放送された「カムイの剣」の続編である。

二月一六日（日）～三月二日（日）　日曜名作座「次郎長開化事件簿」作・海渡英祐、脚色・井口勢津子、出演・森繁久彌、加藤道子。四回連続。

六月二〇日（月）～八月一日（金）　FMアドベンチャーロード「妖怪博士と少年探偵団」作・江戸川乱歩、脚色・大野哲郎、出演・広川太一郎、羽佐間道夫、ナレーション・中西龍。二五回連続。テーマ曲は杉野まもるの筆名でわたしが作詞、作曲は桜田誠一、歌手・冨永み～などでビクターレコードより発売。NHKにも楽譜が欲しいと云う便りが殺到した。

九月二九日（月）～一〇月一〇日（金）　FMアドベンチャーロード「ホック氏の異郷の冒険」作・加納一朗、脚色・松本守正、出演・木下秀雄、小林勝也。一〇回連続で、この年も四シリーズの演出を手がけた。

昭和六二年（一九八七）

五月二五日（月）～六月五日（金）　FMアドベンチャーロード「にごりえ殺人事件」作・加納一朗、脚色・松本守正、出演・木下秀雄、青砥洋、林寸奈保。一〇回連続。

七月六日（月）～三一日（金）　FMアドベンチャーロード「魔人復活――青銅の魔人・地底の魔術王」作・江戸川乱歩、脚色・大野哲郎、出演・広川太一郎、羽佐間道夫、ナレーション・中西龍。二〇回連続。このドラマにもわたしの作詞、桜田誠一作曲、斎藤恵美子の歌で主題歌「グッバイ」を挿入した。

昭和六三年（一九八八）

四月四日（月）～一五日（金）　FMアドベンチャーロード「浅草ロック殺人事件」作・加納一朗、脚色・松本守正、出演・木下秀雄、関根信昭。一〇回連続。

七月二五日（月）～八月一二日（金）　FMアドベンチャーロード「透明怪人と黄金どくろの謎」作・江戸川乱歩、脚色・大野哲郎、出演・広川太一郎、羽佐間道夫、ナレーション・中西龍。一五回連続。

七月三一日（月）～八月一八日（金）　FMアドベンチャーロード「宇宙怪人と少年探偵団」作・江戸川乱歩、脚色・大野哲郎、出演・広川太一郎、羽佐間道夫、ナレーション・中西龍。一五回連続。

平成二年（一九九〇）

一月八日（月）～一九日（金）　FMアドベンチャーロード「帝都誘拐団」作・加納一朗、脚色・松本守正、出演・木下秀雄、松阪隆子。一〇回連続。

八月一三日（月）～一七日（金）　サウンド夢工房。FM波に新設された番組、時間帯は午後一〇・三〇～四五。「恐怖の館」A・ビアーズ他。外国物で脚色・久保田圭司、出演・羽佐間道夫、松阪隆子。五回連続。

平成三年（一九九一）

八月二九日でＮＨＫを定年退職したが以後も契約者としてドラマの演出、そして脚本も担当してよろしいとのこと。勿論、出演料、脚本料も頂けると云う好条件で、喜んで引受けることにした。

一一月四日（月）～一五日（金）サウンド夢工房。「江戸川乱歩短篇集」作・江戸川乱歩。〝押絵と旅する男〟〝人間椅子〟〝目羅博士〟〝屋根裏の散歩者〟。脚色・大野哲郎、出演・広川太一郎、羽佐間道夫、松阪隆子、横田砂選《さえり》。

平成四年（一九九二）

日曜名作座「加田三七捕物そば屋」作・村上元三、脚色・斎藤紀美子、出演・森繁久彌、加藤道子。

平成五年（一九九三）

この年「日曜名作座」を五シリーズ企画・演出したが推理物はなし。

平成六年（一九九四）

この年「日曜名作座」を七シリーズ担当し、そのうち二シリーズは脚本も担当した。

平成七年（一九九五）

「日曜名画座」を六シリーズ担当、脚本は二シリーズだが、この年、ＦＭシアターと云うラジオドラマの看板番組に「昭和二〇年それぞれの夏」を書いた。演出は伊藤豊英。

キャッチコピーは「勤労動員されて飛行場建設をしていた僕達がまき込まれた殺人事件の真相が五〇年たった今明らかにされる」。

このドラマについてわたしは平成八年一月号の「日本推理作家協会会報」に次のように書いている。

久し振りのミステリードラマ

平成七年十月十四日（土）のＮＨＫ「ＦＭシアター」で小生のラジオドラマ「昭和二十年、それぞれの夏」が放送された。久し振りのミステリードラマの執筆で大いに張り切った。終戦時、旧制中学二年生で勤労動員され泊りがけで飛行場建設に当った体験を基にしたもので、当時起った殺人事件が、五〇年たった今、解決されると云った趣向だ。「ＦＭシアター」はこちこちの芸術ドラマの枠だから、ミステリー仕立のドラマをよく放送してくれたと感謝している。演出の伊藤豊英氏のお陰で、作品の出来映えも見事で、作者として大いに満足した。

平成八年（一九九六）

「日曜名作座」を六シリーズ担当、ミステリー物は、

七月二一日（日）～八月二五日（日）　四回連続で伊藤雅美・作、井口勢津子・脚色で「物書き同心居眠り紋蔵」。

平成九年（一九九七）

「日曜名作座」を五シリーズ担当の中でミステリー物は、

七月二〇日（日）～八月一〇日（日）「怪しい隣人」作・小池真理子、脚色も上野友夫、わたしが担当した。

平成一〇年、一一年、一二年、一三年と「日曜名作座」を一年の半分の本数を担当して大忙がしだった。

平成一四年一杯で「日曜名画座」の担当を辞退することになったが、一月には四回連続で推理作家の今野敏さんのミステリー物ではないが、「姿三四郎」のモデルになった「西郷四郎」を主人公にした「山嵐」を四回連続で担当。ドラマの収録時、今野氏が来られて、収録が終り、夜の町にくり出し酒をくみかわし大いに盛りあがったことなどなつかしく思い出される。

平成も終りに近く
これを記す

主な関連人名索引

［著者］**川野京輔**（かわの・きょうすけ）
1931年、広島県生まれ。本名・上野友夫。53年より『千一夜』や『風俗草紙』へ短編の投稿を始め、同年末には『別冊宝石』の懸賞に本名で応募した「復讐」が入選し、事実上の作家デビューとなる。中央大学法学部法科卒業後、54年にNHKへ入局。広島中央放送局放送部、松江放送局放送部を転任した後、60年に東京勤務となり芸能局へ配属される。91年にNHKを定年退職。広島中央放送局在職中に広島中央局長賞受賞。日本推理作家協会名誉会員。

推理ＳＦドラマの六〇年
——ラジオ・テレビディレクターの現場から

2019年5月20日　初版第1刷印刷
2019年5月30日　初版第1刷発行

著　者　川野京輔
装　訂　栗原裕孝
発行人　森下紀夫
発行所　論 創 社
〒101-0051　東京都千代田区神田神保町2-23　北井ビル
電話　03-3264-5254　振替口座　00160-1-155266
http://www.ronso.co.jp/

印刷・製本　中央精版印刷
組版　フレックスアート

ISBN978-4-8460-1764-4